FAUNE AVIGNONAISE

1er FASCICULE.

INSECTES COLÉOPTÈRES

OBSERVÉS AUX ENVIRONS D'AVIGNON

PAR J.-H. FABRE

DOCTEUR ÈS-SCIENCES, CHEVALIER DE LA LÉGION-D'HONNEUR,

CONSERVATEUR DU MUSEUM REQUIEN

et publiés sous les auspices et aux frais

DE L'ADMINISTRATION DU MUSEUM-CALVET.

AVIGNON

TYPOGRAPHIE DE Fr. SEGUIN AÎNÉ

rue Bonquerie, 13.

1870

Se trouve :

A PARIS, chez J.-B. Ballière et fils, libraires de l'Aca-
démie impériale de médecine, 19, rue Haute-
feuille.

A AVIGNON : Au Musée-Calvet, rue Calade.

A LA MÉMOIRE

DU SAVANT NATURALISTE AVIGNONAIS

ESPRIT REQUIEN

MON VÉNÉRÉ MAÎTRE ET AMI.

J.-H. FABRE.

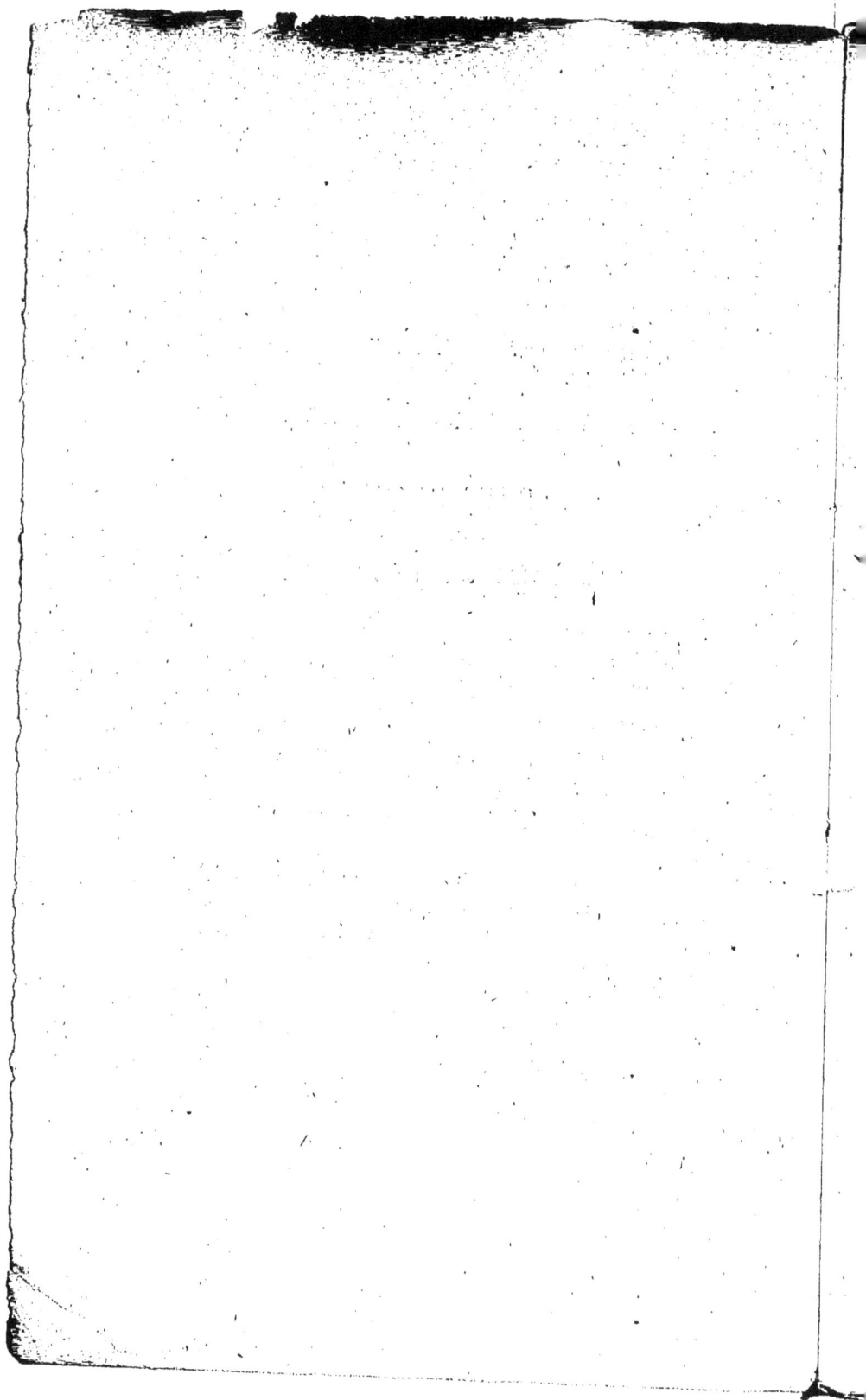

FAUNE AVIGNONAISE.

INSECTES COLÉOPTÈRES

CICINDÉLIDÉS.

CICINDELA. *Lin.*

C. CAMPESTRIS. *Lin.*

Lieux secs et sablonneux exposés au soleil. Toute la belle saison. C C. *

C. FLEXUOSA. *Fab.*

Mêmes localités que la précédente. C C.

C. HYBRIDA. *Fab.*

Sables frais aux bords de la Durance et du Rhône. Toute la belle saison. C.

C. GERMANICA. *Lin.*

Prairies, au bord des canaux d'arrosage ; fonds vaseux à sec dans les oseraies de la Durance : juin, juillet. C.

C. LITTERATA. *Sulz.*

Bords du Rhône, sur le sable frais ; juillet. R R.

---

* C C, signifie très-commun ; C, commun; R, rare ; R R, très-rare.

CARABIDÉS.

ELAPHRIENS.

NOTIOPHILUS. *Dumér.*

N. RUFIPES. *Curt.*

Lieux humides; bords du Rhône; les jardins.
S'abrite l'hiver au pied des platanes. C C.

N. AQUATICUS. *Lin.*

Avec le précédent. C.

N. SEMIPUNCTATUS. *Fab.*

Bellevue, après les premières pluies automnales,
bords des mares. R.

CARABIENS.

NEBRIA. *Latr.*

N. BREVICOLLIS. *Fab.*

Lieux frais, sous les pierres; principalement la
partie montueuse de la rive droite du Rhône.
Fontaine des Angles, Bellevue; le printemps
et l'automne. C C.

N. PSAMMODES. *Ros.*

Les sables, sous les pierres, bords du Rhône:
le printemps. R R.

LEISTUS. *Froehl.*

L. SPINIBARBIS. *Fab.*

Collines de Villeneuve et des Angles, sous les
pierres ; le printemps. C C.

L. FULVIBARBIS. *Dej.*

Prairies, au pied des saules. R R.

CALOSOMA. *Fab.*

C. SYCOPHANTA. *Lin.*

Sur les chênes, les saules hantés par les che-
nilles ; mai, juin. R R.

C. INDAGATOR. *Fab.*

Oseraies de la Durance, au viaduc ; mai, juin. R R.

CARABUS. *Lin.*

C. AURATUS. *Lin.*

Les jardins, lieux cultivés, partout. Apparaît dès
le milieu de février. C C.

C. CATENULATUS. *Fab.*

Collines de Villeneuve, bois des Issards, sous
les pierres ; le printemps. C.

C. PURPURASCENS. *Fab.*

Dans les touffes de l'*Erianthus Ravennæ* entre le
pont suspendu et le viaduc de la Durance ;
le printemps. R R.

C. CANCELLATUS. *Illig.*

Les jardins, parfois dans les vieux saules ; le
printemps. R R.

PROCUSTES. *Bonel.*

P. coriaceus. *Lin.*

> Sous les pierres, les feuilles mortes ; toute l'an-
> née. C C.

———

BRACHINIENS.

DRYPTA. *Fab.*

D. emarginata. *Fab.*

> L'hiver, au pied des saules, en compagnie des
> *Brachines* ; prairies des Angles. C.

POLYSTICHUS. *Bonel.*

P. fasciolatus. *Oliv.*

> L'hiver, au pied des saules, en compagnie des
> *Brachines*. C C.

CYMINDIS. *Latr.*

C. lineata. *Dej.*

> Collines de Villeneuve et des Angles, sous les
> pierres ; le printemps et l'automne. C.

C. coadunata. *Dej.*

> Mêmes localités. C.

DEMETRIAS. *Bonel.*

D. atricapillus. *Lin.*

> L'hiver, au pied des saules, en compagnie des
> *Brachines* ; le printemps sur les aubépines. C C.

DROMIUS. *Bonel.*

D. TRUNCATELLUS. *Lin.*

> L'hiver, sous les écorces de platane ; le reste de l'année au bord des fossés. C C.

D. GLABRATUS. *Duft.*

> L'hiver, sous les écorces de platane, les gazons abrités au pied des saules. C C.

D. QUADRILLUM. *Duft.*

> Lieux humides, sous les pierres ; le printemps. R.

D. MERIDIONALIS. *Dej.*

> L'hiver, sous les écorces de platane. R R.

D. LINEARIS. *Oliv.*

> L'hiver, fagots de ramée abandonnés à l'air ; mai, juin, sur les aubépines. C.

D. MELANOCEPHALUS. *Dej.*

> L'hiver, fagots de ramée abandonnés à l'air ; au pied des saules et des platanes. C C.

D. QUADRISIGNATUS. *Dej.*

> Sous les écorces de platane, les Angles ; l'hiver. R.

LEBIA. *Latr.*

L. FULVICOLLIS. *Fab.*

> L'hiver, sous les écorces de platane ; le printemps, sur les aubépines. R R.

L. CYANOCEPHALA. *Lin.*

> L'hiver, sous les écorces de platane ; mai, juin, sur les aubépines. R.

L. RUFIPES. *Dej.*

> L'hiver, sous les écorces de platane. R.

L. TURCICA. *Fab.*

> L'hiver, sous les écorces de platane ; mai, juin,
> sur les aubépines. R.

L. CYATHIGERA. *Ros.*

> L'hiver, dans les touffes de l'*Erianthus Ravennæ*,
> viaduc de la Durance ; le printemps, les ose-
> raies. R R.

BRACHINUS. *Web.*

B. PSOPHIA. *Dej.*

> Prairies aux environs de St-Véran, prairies des
> Angles, au pied des saules, l'hiver. Le prin-
> temps, sous les pierres, au bord des fossés,
> au pied du fort St-André. C C.

B. CREPITANS. *Lin.*

> Mêmes localités. C C.

B. STREPITANS. *Duft.*

> L'hiver, au pied des saules, dans les prairies au-
> tour de la campagne de M. Stuart Mill. C C.

B. BOMBARDA. *Dej.*

> Prairies, au pied des saules, l'hiver. C C.

B. SCLOPETA. *Fab.*

> Prairies, au pied des saules, l'hiver ; sous les
> pierres au bord des fossés. C C.

Les *Brachines* passent l'hiver au pied des saules en
compagnies nombreuses. Avec les cinq espèces précé-

dentes, on trouve associés d'autres carabidés dont les plus fréquents sont : *Licinus depressus, Anchomenus prasinus, Calathus punctipennis, Badister bipustulatus, Panagæus crux-major, Drypta emarginata, Polystichus fasciolatus, Diachromus germanus, Demetrias atricapillus.*

SCARITIENS.

SCARITES. *Fab.*

S. ARENARIUS. *Bonel.*

Sables de la Durance et du Rhône. Juin. R.

CLIVINA. *Latr.*

C. FOSSOR. *Lin.*

Lieux frais, sous les détritus végétaux. Le printemps. C.

DYSCHIRIUS. *Bonel.*

D. ÆNEUS. *Dej.*

Mares au bord du Rhône, sous les *Chara* exondés. L'été. C.

D. CYLINDRICUS. *Dej.*

Bords du Rhône, vase fraîche, sous les détritus végétaux. L'été. C.

DITOMUS. *Bonel.*

D. FULVIPES. *Dej.*

> Lieux sablonneux, bords des chemins, champs de
> blé. Juin. R.

ARISTUS. *Latr.*

A. SULCATUS. *Fab.*

> Les jardins, les champs de blé. Juin. R.

———

CHLÆNIENS.

PANAGÆUS. *Latr.*

P. CRUX-MAJOR. *Lin.*

> L'hiver, les prairies, au pied des saules, en so-
> ciété des *Brachines.* C C.

CALLISTUS. *Bonel.*

C. LUNATUS. *Fab.*

> Le printemps, sur les aubépines en fleurs; l'hi-
> ver, touffes de l'*Erianthus Ravennæ*, viaduc
> de la Durance; parfois au pied des saules avec
> les *Brachines.* R.

CHLÆNIUS. *Bonel.*

C. VESTITUS. *Fab.*

> Fossés au pied du fort St-André, sous les pier-
> res. Prairies des Angles, à la base des saules.
> L'hiver et le printemps. C.

C. VELUTINUS. *Duft.*

>   Comme le précédent. R.

C. FESTIVUS. *Fab.*

>   Fossés au pied du fort St-André, sous les pier-
>   res. R.

C. AGRORUM. *Oliv.*

>   Bords des fossés, au pied des saules, prairies des
>   Angles et de Villeneuve. L'hiver et le prin-
>   temps. C.

C. NIGRICORNIS. *Fab.*

>   Prairies du moulin de l'Épi, prairies des Angles,
>   au pied des saules. Sous les pierres, au bord
>   des fossés, à la base du fort St-André. L'hiver
>   et le printemps. C.

C. HOLOSERICEUS. *Fab.*

>   Sous les mousses des bas-fonds inondés l'hiver,
>   Barthelasse. Juillet. R R.

C. RUFIPES. *Dej.*

>   Bords du Rhône, sur la vase humide. Août. R R.

A la base du rocher à pic supportant le fort St-André,
se trouvent: *Chlænius vestitus, C. festivus, C. agrorum,
C. velutinus, C. nigricornis,* parfois réunis tous ensemble l'hiver.

LICINUS. *Latr.*

L. SILPHOÏDES. *Fab.*

>   Collines de Bellevue, après les premières pluies
>   automnales. S'abrite sous les feuilles du *Ver-
>   bascum sinuatum.* C C.

L. AGRICOLA. *Oliv.*

> Même localité. R R.

L. CASSIDEUS. *Fab.*

> Collines de Bellevue et de Villeneuve, sous les
> pierres. Automne. R R.

L. DEPRESSUS. *Payk.*

> L'hiver, au pied des saules, en compagnie des
> *Brachines*, prairies aux environs de la cam-
> pagne de M. Stuart Mill. C C.

BADISTER. *Clairv.*

B. BIPUSTULATUS. *Fab.*

> Prairies des Angles, de St-Véran, du moulin de
> l'Épi, au pied des saules, en compagnie des
> *Brachines ;* l'hiver. C C.

FÉRONIENS.

SPHODRUS. *Clairv.*

S. LEUCOPHTHALMUS. *Lin.*

> Les habitations, lieux obscurs, caves, celliers.
> Toute l'année. C.

PRISTONYCHUS. *Dej.*

P. TERRICOLA. *Herbst.*

> Les habitations, lieux obscurs et humides. Toute
> l'année. Parfois sous les écorces mortes du
> peuplier noir. C.

CALATHUS. *Bonel.*

C. PUNCTIPENNIS. *Germ.*

> Sous les détritus végétaux, sous les pierres. Partout, parfois dans les jardins de la ville. Fréquent en automne à Bellevue sous les feuilles du *Verbascum sinuatum*. C C.

C. AMBIGUUS. *Payk.*

> Bellevue, en automne, sous les feuilles du *Verbascum sinuatum*. C C.

C. MELANOCEPHALUS. *Lin.*

> Détritus végétaux aux bords du Rhône. En automne, sous les feuilles du *Verbascum sinuatum*. L'hiver, au pied des saules. C C.

C. CIRCUMSEPTUS. *Germ.*

> Prairies autour de la campagne de M. Stuart Mill, au pied des saules; l'hiver. C.

C. LATUS. *Lin.*

> Au pied des saules, sous le fort Saint-André: l'hiver. C.

ANCHOMENUS. *Bonel.*

A. PRASINUS. *Thumb.*

> L'hiver, au pied des saules, en compagnie des *Brachines*. C C.

A. PALLIPES. *Fab.*

> Au pied des saules avec le précédent. Sous les mottes de terre retirées des fossés et rejetées sur le bord des prairies. C.

A. MODESTUS. *Sturm.*

>Vieux troncs de saules, dans le terreau, en hiver.
>En été, sous les pierres, aux bords du Rhône. C.

A. PARUMPUNCTATUS. *Fab.*

>Les prairies, au pied des saules; l'hiver. C.

A. VIDUUS. *Panz.*

>Prairies des Angles, du moulin de l'Épi, au pied
>des saules; l'hiver. R.

OLISTHOPUS. *Dej.*

O. GLABRICOLLIS. *Germ.*

>Bellevue, après les pluies automnales, sous les
>pierres et les feuilles du *Verbascum sinuatum.*
>C C.

FERONIA. *Latr.*

F. CUPREA. *Lin.*

>Sous les détritus végétaux, sous les pierres; dès
>les premiers jours du printemps, partout. C C.

F. DIMIDIATA. *Oliv.*

>Collines de Villeneuve et de Bellevue, bords des
>chemins, sous les détritus végétaux, sous les
>pierres; le printemps. C C.

F. KOYI. *Germ.*

>Bellevue, le Montagnet; automne et printemps,
>sous les pierres. R.

F. SUBCOERULEA. *Quensel.*

>Collines de Villeneuve, sous les pierres; le prin-
>temps. R R.

F. MELANARIA. *Illig.*

> Fossés au pied du fort Saint-André, sous les
> pierres. Les prairies, à la base des saules. L'au_
> tomne et l'hiver. C.

F. INFUSCATA. *Dej.*

> Collines de Villeneuve, sous les pierres; le prin-
> temps. R.

F. NIGRITA. *Fab.*

> Prairies des Angles, au pied des saules; l'hiver.
> RR.

F. VERNALIS. *Fab.*

> Prairies du moulin de l'Épi, au pied des saules;
> l'hiver. C.

F. RUFICOLLIS. *Marsh.*

> Collines de Villeneuve, Bellevue, sous les pier-
> res. Automne et printemps. R.

F. NIGRA. *Fab.*

> Sous les détritus des fossés à sec; prairies, au
> pied des saules. Toute l'année. C.

AMARA. *Bonel.*

A. INGENUA. *Duft.*

> Collines de Villeneuve, sous les pierres; le prin-
> temps. R R.

A. MUNICIPALIS. *Duft.*

> Viaduc de la Durance, dans le sable; le prin-
> temps. Parfois dans les jardins de la ville. C C.

A. obsoleta. *Duft.*

> Sous les pierres, au pied du fort Saint-André ; le printemps R.

A. trivialis. *Gyll.*

> Les chemins, sous les pierres, partout ; le printemps. C C.

A. ferruginea. *Lin.*

> Sables des bords du Rhône ; le printemps. R.

A. crenata. *Dej.*

> Le printemps, sous les détritus végétaux. R.

A. eximia. *Dej.*

> Collines de Villeneuve, sous les pierres ; l'automne. C C.

ZABRUS. *Clairv.*

Z. piger. *Dej.*

> Sous les pierres, les terrains à céréales ; l'automne. C.

STOMIS. *Clairv.*

S. pumicatus. *Panz.*

> L'été sous les pierres, aux bords du Rhône, l'hiver au pied des saules, prairies du moulin de l'Épi. R R.

HARPALIENS.

ACINOPUS. *Dej.*

A. TENEBRIOÏDES. *Duft.*

Se creuse un terrier sous les pierres, les feuilles du *Verbascum sinuatum*. Les Angles, Bellevue; l'été et l'automne. C.

ANISODACTYLUS. *Dej.*

A. BINOTATUS. *Fab.*

Au pied des saules, sous le fort St-André, moulin de l'Épi; l'hiver. C C.

A. SPURCATICORNIS. *Dej.*

Avec le précédent, dans les abris au pied des rochers à pic du fort St-André; l'hiver. C C.

DIACHROMUS. *Erich.*

D. GERMANUS. *Lin.*

Lieux frais sous les pierres; au pied des saules, dans les prairies; sous les détritus végétaux. Toute l'année. Souvent en société avec les *Brachines*. C C.

GYNANDROMORPHUS. *Dej.*

G. ETRUSCUS. *Quensel.*

Le printemps, sous les pierres, au pied du fort St-André; l'hiver, à la base des saules. R R.

HARPALUS. *Latr.*

H. DIFFINIS. *Dej.*

Prairies des Angles, à la base des saules; l'hiver. R.

H. COLUMBINUS. *Germ.*

Prairies des Angles; l'automne et l'hiver. R R.

H. PUNCTICOLLIS. *Payk.*

Prairies des Angles, au pied des saules; l'hiver. R R.

H. CORDATUS. *Duft.*

Le Montagnet, sous les pierres; automne. R.

H. RUPICOLA. *Sturm.*

Sous les pierres, au pied du fort St-André. Touffes de l'*Erianthus Ravennæ*, viaduc de la Durance. Le printemps. R.

H. MACULICORNIS. *Duft.*

Prairies des Angles, au pied des saules; l'hiver. R R.

H. SUBQUADRATUS. *Dej.*

A la base des saules, prairies autour de la campagne de M. Stuart Mill; l'hiver. R.

H. MERIDIONALIS. *Dej.*

Collines des Angles, sous les pierres; le printemps. R.

H. MENDAX. *Ros.*

Prairies des Angles, au pied des saules; sous les pierres, à la base du fort St-André. L'hiver et le printemps. C.

H. HIRSUTULUS. *Dej.*

> Viaduc de la Durance, dans le sable ; le prin-
> temps. R R.

H. RUFICORNIS. *Fab.*

> Lieux frais, sous les pierres, sous les détritus vé-
> gétaux, partout. Se trouve dans les jardins de
> la ville. C C.

H. GRISEUS. *Panz.*

> Sous les détritus végétaux, les jardins de la ville,
> partout. C C.

H. DISPAR. *Dej.*

> Sous les détritus végétaux, terrains cultivés. R.

H. ÆNEUS. *Fab.*

> Fréquent dans les jardins de l'intérieur de la ville.
> Partout, toute l'année. C C.

H. RUBRIPES. *Duft.*

> L'hiver, les prairies, à la base des saules. R.

H. CUPREUS. *Dej.*

> L'hiver, les prairies, à la base des saules. C C.

H. PUNCTATOSTRIATUS. *Dej.*

> Partout, toute l'année. Fréquent dans les jardins
> de l'intérieur de la ville. C C.

H. FULVIPES. *Fab.*

> Les prairies, au pied des saules ; l'hiver. R R.

H. SEMIVIOLACEUS. *Dej.*

> Sous les pierres, à la base des saules, partout.
> Quelquefois dans les jardins de l'intérieur de
> la ville. C C.

H. serripes. *Duft.*

Bellevue, viaduc de la Durance, dans le sable.
C C.

H. sulphuripes. *Germ.*

Bellevue, sous les pierres; le printemps. C C.

H. pumilus. *Dej.*

Bellevue, viaduc de la Durance, sous les pierres;
le printemps. C C.

STENOLOPHUS. *Erich.*

S. vaporariorum. *Fab.*

Sous les détritus, dans les fossés à sec. L'été.
C C.

S. discophorus. *Fisch.*

Sous le fort St-André, détritus des fossés. Juin.
C C.

S. vespertinus. *Illig.*

Fossés, sous les détritus végétaux. C C.

S. proximus. *Dej.*

Au pied des saules, prairies des Angles; l'hiver.
R R.

S. dorsalis. *Gyll.*

L'été, bords des mares, sous les *Chara* à sec. C C.

S. brunnipes. *Sturm.*

L'été, bords des mares, sous les *Chara* à sec. C C.

S. meridianus. *Lin.*

Détritus des fossés, bords des mares; l'été. C C.

BEMBIDIENS.

TRECHUS. *Clairv.*

C. DISCUS. *Fab.*

Bords du Rhône. Au pied des saules, l'hiver. R.

BEMBIDIUM. *Latr.*

B. CARABOÏDES. *Schrank.*

L'été, sur la vase fraîche, bords de la Durance et du Rhône. C C.

B. FLAVIPES. *Lin.*

L'été, au bord des eaux, sur la vase, sous les pierres. Quelquefois dans les jardins de l'intérieur de la ville, sous les détritus végétaux. C C.

B. ÆQUIS. *Sturm.*

Bords du Rhône, sous les pierres ; l'été. C.

B. ANDREÆ. *Fab.*

L'été, bords de la Durance et du Rhône, sous les pierres, sous les détritus végétaux. C C.

B. NITIDULUM. *Marsh.*

L'été, bords de la Durance et du Rhône, sur le limon. C C.

B. QUADRIPUSTULATUM. *Dej.*

L'été, sous les *Chara* exondés, mares des bords du Rhône ; sur la vase des fossés à sec. C C.

B. ustulatum. *Lin.*

    L'été, bords du Rhône, sous les pierres. R.

B. quadriguttatum. *Fab.*

    L'été, bords du Rhône, sous les pierres. R.

B. pusillum. *Gyll.*

    L'été, sur la vase des bords du Rhône et des fossés à sec. C C.

B. lampros. *Herbst.*

    L'été, sur la vase, bords de la Durance et des fossés. C C.

B. gilvipes. *Sturm.*

    L'été, sous les pierres, branche droite du Rhône, aux ruines du pont St-Bénézet. C.

B. parvulum. *Dej.*

    L'été, bords des fossés, au pied des saules. C.

B. fasciolatum. *Duft.*

    L'été, sous les pierres, branche droite du Rhône, aux ruines du pont St-Bénézet.

B. varium. *Oliv.*

    L'été, bords du Rhône, sur la vase fraîche. R.

B. tenellum. *Erich.*

    L'été, bords du Rhône, sur la vase. C.

B. tibiale. *Duft.*

    L'été, bords du Rhône, sous les pierres. R.

B. articulatum. *Panz.*

    L'été, bords du Rhône, sous les pierres. R.

B. HÆMORRHOÏDALE. *Dej*.

> L'été, bords des fossés. Se réfugie en hiver au
> pied des saules et sous les écorces de pla-
> tane. R.

DYTISCIDÉS.

DYTISCIENS.

DYTISCUS. *Lin.*

D. MARGINALIS. *Lin.*

> Mares sous le fort St-André, fossés des Angles;
> l'automne. C.

D. CIRCUMFLEXUS. *Fab.*

> Fossés des Angles; l'automne. C.

D. PUNCTULATUS. *Fab.*

> Fossés des Angles, du moulin de l'Épi; l'au-
> tomne. C C.

Les trois espèces se trouvent à la fois en septembre
dans les fossés longeant les prairies des Angles. Le *D.*
punctulatus est le plus commun.

CYBISTER. *Curt.*

C. ROESELII. *Fab.*

> Eaux dormantes aux bords du Rhône, mares de
> la Barthelasse. L'automne. C C.

EUNECTES. *Erichs.*

E. STICTICUS. *Lin.*

> Mares formées par les pluies automnales à droite
> de la route de Nîmes, après Bellevue. C C.

COLYMBÉTIENS.

COLYMBETES. *Clairv.*

C. FUSCUS. *Lin.*

> Eaux stagnantes des bords du Rhône, fossés au
> pied du fort St-André, fossés du moulin de
> l'Épi. L'été. C C.

C. PULVEROSUS. *Sturm.*

> Mares formées par les pluies automnales; la Bar-
> thelasse, entrée du chemin du Chêne-Vert,
> route de Nîmes après Bellevue. C.

ILYBIUS. *Erichs.*

I. MERIDIONALIS. *Aubé.*

> Fossés au pied du fort St-André, mare formée
> par les pluies à l'entrée du chemin du Chêne-
> Vert, fossés du moulin de l'Épi. L'été et l'au-
> tomne. C C.

AGABUS. *Leach.*

A. BIPUSTULATUS. *Lin.*

> Fossés au pied du fort St-André ; mare formée
> par les pluies automnales à l'entrée du chemin
> du Chêne-Vert, fossés du moulin de l'Épi. C.

A. BIPUNCTATUS. *Fab.*

> Fossés au pied du fort St-André, fossés des An-
> gles. L'été, l'automne. C.

A. AGILIS. *Fab.*

> Eaux dormantes des bords du Rhône. L'au-
> tomne. R.

A. CHALCONOTUS. *Panz.*

> Mares de la Barthelasse, après les pluies automn-
> nales. R.

A. BIGUTTATUS. *Oliv.*

> Fossés au pied du fort St-André, fossés des An-
> gles. L'automne. R.

A. BRUNNEUS. *Fab.*

> Fossés des Angles. L'automne. C.

NOTERUS. *Clairv.*

N. SPARSUS. *Marsh.*

> Fossés au pied du fort St-André, fossés du mou-
> lin de l'Épi. Été. C C.

N. CRASSICORNIS. *Fab.*

> Fossés autour de la ville, Fontaine couverte.
> Août. C C.

LACCOPHILUS. *Leach.*

L. MINUTUS. *Lin.*

Fossés autour de la ville, mares automnales.
L'été et l'automne. C C.

———

HYDROPORIENS.

HYPHYDRUS. *Ill.*

H. OVATUS. *Lin.*

Fossés au pied du fort St-André. L'été. C C.

H. VARIEGATUS. *Aubé.*

Fossés au pied du fort St-André. L'été. R.

HYDROPORUS. *Clairv.*

H. HALENSIS. *Fab.*

Fossés au pied du fort St-André. L'été. R.

H. INÆQUALIS. *Fab.*

Fossés au pied du fort St-André. Été, automne. C.

H. MINUTISSIMUS. *Germ.*

Fossés autour de la ville; mares automnales à Bellevue, au Chêne-Vert. C.

H. UNISTRIATUS. *Illig.*

L'automne, mare à l'entrée du Chêne-Vert. R.

H. PALUSTRIS. *Lin.*

Fossés sous le fort St-André; l'été, l'automne. C C.

H. LEPIDUS. *Oliv.*

>Fossés sous le fort St-André; l'été, l'automne.
C C.

H. DUODECIM-PUSTULATUS. *Fab.*

>Fossés aux environs de l'hospice Isnard. Août.
C C.

H. VARIUS. *Aubé.*

>Fossés aux environs de l'hospice Isnard. Août. R.

H. BICARINATUS. *Clairv.*

>Mare à l'entrée du chemin du Chêne-Vert. Septembre. R R.

H. PARALLELOGRAMMUS. *Ahrens.*

>Mares automnales de Bellevue. R.

HALIPLIENS.

HALIPLUS. *Latr.*

H. LINEATICOLLIS. *Marsh.*

>Fossés autour de la ville, mares automnales, partout. C C.

H. OBLIQUUS. *Fab.*

>Fontaine couverte, fossés sous le fort St-André. Août. R.

H. FLAVICOLLIS. *Sturm.*

>Fossés autour de la ville, mares automnales de la Barthelasse. R.

H. MUCRONATUS. *Steph.*

> Fossés derrière l'hospice Isnard. Août. R.

H. RUFICOLLIS. *De Géer.*

> Fontaine couverte, mares de la Barthelasse.
> Septembre. C C.

H. VARIEGATUS. *Sturm.*

> Mares de la Barthelasse. Septembre, octobre.
> C C.

CNEMIDOTUS. *Illig.*

C. COESUS. *Duft.*

> Fossés au pied du fort St-André. Août, septembre. R.

C. ROTUNDATUS. *Aubé.*

> Fossés au pied du fort St-André, mares automnales de la Barthelasse et de Bellevue. R.

PÉLOBIENS.

PELOBIUS. *Sch.*

P. HERMANNI. *Fab.*

> Fossés au pied du fort St-André; l'été. C C.

GYRINIDÉS.

GYRINUS. *Geoff.*

G. NATATOR. *Lin.*

 Fossés autour de la ville, partout. C C.

G. URINATOR. *Illig.*

 Fossés autour de la ville, eaux dormantes aux
  bords du Rhône. C C.

G. BICOLOR. *Payk.*

 Fossés autour de la ville, Fontaine couverte :
  août. R.

G. CONCINNUS. *Klug.*

 Fontaine couverte ; août. C.

HYDROPHILIDÉS.

HYDROPHILIENS.

HYDROPHILUS. *Geoff.*

H. PICEUS. *Lin.*

 Fossés autour de la ville, eaux stagnantes du
  Rhône, mares automnales ; août, septembre.
  C C.

HYDROUS. *Brul.*

H. CARABOÏDES. *Lin.*

> Fossés au pied du fort St-André, fossés aux environs du moulin de l'Épi; le printemps. C.

H. FLAVIPES. *Stev.*

> Mares de la Barthelasse après les pluies; septembre. R.

HYDROBIUS. *Leach.*

H. OBLONGUS. *Herbst.*

> Fossés au pied du fort St-André; l'automne. C.

H. ÆNEUS. *Germ.*

> Fossés autour de la ville; juin, août. R.

H. LIMBATUS. *Fab.*

> Fossés autour de la ville; juin, août. C C.

PHILHYDRUS. *Sol.*

P. LIVIDUS. *Forst.*

> Fossés autour de la ville, mares automnales; août, septembre. C.

BEROSUS. *Leach.*

B. AFFINIS. *Brul.*

> Fontaine couverte, fontaine des Angles, fossés autour de la ville, mares automnales; l'été et l'automne. C C.

B. ÆRICEPS. *Curt.*

> Mares de la Barthelasse; septembre, octobre. C C.

LIMNEBIUS. *Leach.*

L. NITIDUS. *Marsh.*

> Mare à l'entrée du chemin du Chêne-Vert ; août, septembre. C C.

HÉLOPHORIENS.

HELOPHORUS. *Fab.*

H. RUGOSUS. *Oliv.*

> Mares automnales, le Chêne-Vert. R.

H. GRANDIS. *Illig.*

> Mares automnales, partout. Septembre, octobre. C.

H. GRANULARIS. *Lin.*

> Mares automnales de la Barthelasse. R.

HYDROCHUS. *Leach.*

H. AUGUSTATUS. *Germ.*

> Fossés autour de la ville ; l'été. C C.

OCHTEBIUS. *Leach.*

C. PYGMÆUS. *Fab.*

> Mare après les pluies d'automne, à l'entrée du chemin du Chêne-Vert. R.

SPHÉRIDIENS.

SPHÆRIDIUM. *Fab.*

S. BIPUSTULATUM. *Fab.*

Dans les bouses, les fumiers ; l'été et l'automne.
C C.

CERCYON. *Leach.*

C. PYGMOEUM. *Illig.*

C. LUGUBRE. *Payk.*

C. UNIPUNCTATUM. *Lin.*

C. CENTRIMACULATUM. *Sturm.*

C. HOEMORRHOUM. *Gyll.*

C. PLAGIATUM. *Er.*

C. MELANOCEPHALUM. *Lin.*

Se trouvent tous dans les bouses et les fumiers ;
l'été et l'automne.

SILPHIDES.

SILPHIENS.

NECROPHORUS. *Fab.*

N. VESTIGATOR. *Hersch.*

Cadavres des taupes, des lézards et des couleuvres; avril, mai. R.

SILPHA. *Lin.*

S. LOEVIGATA. *Fab.*

> L'insecte parfait et sa larve grimpent sur les gra-
> minées pour dévorer de petits colimaçons ; s'a-
> brite l'hiver au pied des saules. Toute l'année.
> C C.

S. GRANULATA. *Oliv.*

> S'abrite l'hiver dans les touffes, de l'*Erianthus
> Ravennæ*. R R.

S. OBSCURA. *Lin.*

> Les couleuvres mortes ; s'abrite l'hiver au pied
> des saules dans les prairies. C C.

S. RUGOSA. *Lin.*

> Au printemps, sous les taupes, les rats, les cou-
> leuvres. R R.

S. SINUATA. *Fab.*

> Au printemps, sous les cadavres des taupes, des
> couleuvres. Fréquemment en compagnie du
> *Dermestes Frischii* et du *Saprinus subnitidus*.
> C C.

CHOLEVA. *Latr.*

C. VELOX. *Spence.*

> Automne, les fumiers. Trouvé, en hiver, sous
> terre, dans la carcasse d'un chat. C C.

C. TRISTIS. *Panz.*

> Dans une pelotte de bourre et de plumes dégor-
> gée par la chouette ; octobre. R.

C. SERICEA. *Panz.*

> L'hiver, abrité sous les détritus de plantes. R.

C. CISTELOÏDES. *Fræhl.*

> Mars, sous les feuilles mortes. R R.

ANISOTOMIENS.

ANISOTOMA. *Illig.*

A. CINNAMOMEA. *Panz.*

> Dans les truffes apportées au marché de la ville. R.

CYRTUSA. *Erichs.*

C. MINUTA.

> Caisses d'emprunt du chemin de fer, au viaduc de la Durance, sous les détritus du *Cladium mariscus.* R.

SCYDMÉNIDÉS.

SCYDMÆNUS. *Latr.*

S. INTRUSUS. *Schaum.*

> Prairies sous le fort St-André, au pied des saules, en société avec le *Bryaxis hæmatica ;* l'hiver. C. C.

S. WETTERHALII. *Gyll.*

> Avec le précédent. C C.

S. SCUTELLARIS. *Mül.*

> Avec les précédents. C C.

S. ANGULATUS. *Mül.*

> Avec les précédents. C C.

PSÉLAPHIDÉS.

CTENÍSTES. *Reich.*

C. PALPALIS. *Reich.*

> Viaduc de la Durance, sous les détritus de l'E-
> *rianthus Ravennæ*; Barthelasse, au pied des
> saules dans les prairies humides. C.

BRYAXIS. *Leach.*

B. HÆMATICA. *Reich.*

> Les prairies, au pied des saules ; viaduc de la
> Durance, sous les détritus de feuilles. C C.

B. SANGUINEA. *Fabr.*

> Au pied des saules, sous les détritus de feuilles.
> C C.

B. LEPEBVRII. *Aubé.*

> Au pied des saules, sous les détritus de feuilles,
> plus rarement dans les touffes de gazon. C C.

PSELAPHUS. *Herbst.*

P. Heisei. *Herbst.*

> Au pied des saules, prairies sous le fort St-André, vec le *Bryaxis hæmatica.* R.

BYTHINUS. *Leach.*

B. securiger. *Reich.*

> Au pied des saules, avec les *Bryaxis.* C C.

TYCHUS. *Leach.*

T. tuberculatus. *Aubé.*

> Au pied des saules, prairies sous le fort St-André, avec les *Bryaxis hæmatica* et *Lefeberii.* R.

STAPHYLINIDÉS.

ALÉOCHARIENS.

FALAGRIA. *Mann.*

F. sulcata. *Payk.*

> Les jardins, sous les détritus végétaux. C C.

F. obscura. *Grav.*

> Les jardins, sous les détritus végétaux. C C.

HOMALOTA. *Mann.*

H. LIVIDIPENNIS. *Mann.*

Sous les bouses; juin. C C.

PLACUSA. *Erich.*

P. HUMILIS. *Erich.*

Sous l'écorce des peupliers morts; mai. C C.

MYRMEDONIA. *Erich.*

M. CANALICULATA. *Fab.*

Au pied des arbres et des murs, en compagnie des fourmis. C C.

ALEOCHARA. *Grav.*

A. FUSCIPES. *Fab.*

Sous les ordures; sous les couleuvres mortes, en société avec les Dermestes, les Silphes, les Nécrophores, les Saprins. C C.

A. DECORATA. *Aubé.*

Les bouses, les fumiers. C C,

A. BIPUNCTATA. *Grav.*

Sous les ordures. C.

A. NITIDA. *Grav.*

Sous les ordures. C C.

TACHYPORIENS.

CONURUS. *Steph.*

C. PUBESCENS. *Grav.*

Au pied des chênes cariés. C.

C. FUSCULUS. *Erich.*

Sous les détritus de l'*Erianthus Ravennæ*. C C.

C. LIVIDUS. *Erich.*

Touffes pourries de l'*Erianthus Ravennæ*. C.

TACHYPORUS. *Grav.*

T. HYPNORUM. *Fab.*

Les jardins, sous les feuilles trainant à terre. C C.

TACHINUS. *Grav.*

T. SILPHOÏDES. *Lin.*

Sous les bouses, les fumiers. R.

T. ELONGATUS. *Gyll.*

Sous les ordures. R.

BOLETOBIUS. *Mann.*

B. TRINOTATUS. *Erich.*

Sur l'agaric de l'olivier ; octobre. R.

B. ANALIS. *Payk.*

Au pied des rochers à pic sous le fort St-André. R.

STAPHYLINIENS.

XANTHOLINUS. *Dahl.*

X. GLABRATUS. *Grav.*

Sous les pierres, bords du Rhône. R R.

X. PROCERUS. *Erich.*

Sous les bouses, sous les pierres. C.

X. FULGIDUS. *Fab.*

Sous les *Chara* exondés, mares des bords du Rhône ; les Angles, abris sablonneux, sous les pierres ; les jardins, sous les détritus des plantes. C C.

X. LINEARIS. *Oliv.*

Sous les détritus végétaux. R.

X. PUNCTULATUS. *Payk.*

Sous les bouses ; dans les bordures des jardins. C.

LEPTACINUS. *Erich.*

L. PARUMPUNCTATUS. *Gyll.*

Les bouses, les fumiers. C.

L. BATYCHRUS. *Gyll.*

Sous les pierres, sous les bouses. R.

STAPHYLINUS. *Lin.*

S. MAXILLOSUS. *Lin.*

Les écuries, les fumiers. L'été. C.

S. olens. *Müll.*

> Sous les pierres, sous les feuilles mortes ; plus fréquent sur la rive droite du Rhône. C C.

S. morio. *Grav.*

> Prairies, au pied des saules. C C.

S. melanarius. *Heer.*

> Prairies, au pied des saules. R.

S. pedator. *Grav.*

> Oseraies de la Durance. R R.

S. cyaneus. *Payk.*

> Le Montagnet, sous les pierres. R R.

S. murinus. *Lin.*

> Sous les détritus végétaux, sous les bouses. L'été. R.

S. cupreus. *Ros.*

> Bellevue, sous les feuilles du *Verbascum sinua-tum* ; sous-les bouses ; au pied des saules dans les prairies. C C.

S. chalcocephalus. *Fab.*

> Sous les bouses, sous les ordures. L'été. R.

S. pulvipes. *Scop.*

> Prairies des Angles, au pied des saules. R R.

PHILONTHUS. *Curt.*

P. ebeninus. *Grav.*

> Les bouses, les feuilles pourries. C C.

P. bimaculatus. *Grav.*

> Les bouses, les détritus végétaux. C.

P. ATRATUS. *Grav.*

    Les ordures. C C.

P. QUISQUILIARIUS. *Gyll.*

    Les fumiers, les ordures. C C.

P. JUNEUS. *Ros.*

    Sous les ordures. C C.

P. CRIBRATUS. *Erich.*

    Sous les bouses. R R.

P. CONRUSCUS. *Grav.*

    Sous les ordures, Bellevue. R R.

P. DISCOÏDEUS. *Grav.*

    Les fumiers. C C.

P. CEPHALOTES. *Grav.*

    Sous les ordures. C.

P. ATERRIMUS. *Grav.*

    Les jardins, sous les détritus végétaux. C.

P. RUFIPENNIS. *Grav.*

    Sous les écorces pourries du peuplier noir. R.

QUEDIUS. *Steph.*

Q. FULGIDUS. *Fab.*

    Les jardins, détritus végétaux. R.

Q. CRUENTUS. *Oliv.*

    Les jardins, détritus végétaux. R.

Q. IMPRESSUS. *Panz.*

    Les ordures, les bouses. C C.

Q. MOLOCHINUS. *Grav.*

    Au pied des saules, dans des prairies. C.

Q. RUFIPES. *Grav.*

> Sous les ordures. R.

HETEROTHOPS. *Steph.*

H. BINOTATUS. *Erich.*

> Les celliers, détritus du bois. C.

ASTRAPÆUS. *Grav.*

A. ULMI. *Ros.*

> Prairies sous le fort St-André, au pied des saules ; tas de terreau dans les jardins. C.

OXYPORUS. *Fab.*

A. RUFUS. *Lin.*

> Sur les champignons ; l'automne. R R.

———

PÆDÉRIENS.

ACHENIUM. *Curt.*

A. DEPRESSUM. *Grav.*

> Prairies marécageuses des Angles, au pied des saules. R.

A. STRIATUM. *Latr.*

> Prairies sous le fort St-André, au pied des saules. R.

LATHROBIUM. *Grav.*

L. MULTIPUNCTUM. *Grav.*

> Sous les pierres au bords du Rhône, ruines du pont St-Bénézet; au pied des saules, prairies sous le fort St-André. C C.

L. ELONGATUM. *Lin.*

> Au pied des saules, prairies des Angles. R.

L. PULVIPENNE. *Grav.*

> Au pied des saules, prairies sous le fort St-André. R.

SCOPÆUS. *Erich.*

S. RUBIDUS. *Muls.*

> Oseraies de la Durance, sous les feuilles mortes. R.

STILICUS. *Latr.*

S. SIMILIS. *Erich.*

> Les jardins, sous les détritus végétaux. C C.

SUNIUS. *Steph.*

S. FILIFORMIS. *Latr.*

> Lieux abrités et sablonneux, dans les touffes de gazons, chemin des Angles. C C.

S. UNIFORMIS. *J. du V.*

> Avec le précédent. C.

S. ANGUSTATUS. *Payk.*

> Avec les précédents; sous les détritus de l'Erianthus Ravennæ, viaduc de la Durance. C C.

PÆDERUS. *Grav.*

P. LITTORALIS. *Grav.*

> Bords du Rhône, sous les pierres; les jardins, sous les détritus végétaux. Passe l'hiver au pied des saules, au bord des fossés. C C.

P. LONGIPENNIS. *Erich.*

> Bords du Rhône, sous les pierres; très-abondant l'hiver au pied des saules des bords des fossés. C C.

P. RUPICOLLIS. *Fab.*

> Bords du Rhône, sur la vase fraîche. C C.

STÉNIENS.

STENUS.

S. BIGUTTATUS. *Lin.*

> Bords du Rhône, sous les pierres. C C.

S. BIPUNCTATUS. *Erich.*

> Bords du Rhône, sous les pierres. C.

S. STIGMULA. *Erich.*

> Sous les pierres, au pied du fort St-André. C.

S. JUNO. *Fab.*

> Les jardins, sous les détritus végétaux; les prairies, au pied des saules. C C.

S. pusillus. *Erich.*

    Vases des bords de la Durance. C.

S. speculator. *Lac.*

    Les jardins, les prairies. C.

OXYTÉLIENS.

BLEDIUS. *Steph.*

B. tricornis. *Herbst.*

    Mares des bords du Rhône, sous les *Chara* exondés. R R.

B. cribricollis. *Heer.*

    Mares des bords du Rhône, sous les *Chara* exondés. R R.

PLATYSTETHUS. *Mann.*

P. cornutus. *Grav.*

    Sur la vase fraîche, bords des mares sous le fort St-André. C.

P. morsitans. *Payk.*

    Sous les ordures. C.

OXYLELUS. *Grav.*

O. piceus. *Lin.*

    Sous les bouses. C C.

O. SCULPTURATUS. *Grav.*

Couvre les ordures de ses innombrables légions.
C C.

O. RUGOSUS. *Fab.*

Sous les bouses. R.

O. NITIDULUS. *Grav.*

Sous les bouses. C C.

O. DEPRESSUS. *Grav.*

Sous les bouses. C.

HISTÉRIDÉS.

HISTÉRIENS.

HISTER. *Lin.*

H. QUADRIMACULATUS. *Lin.*

Montaux, au pied des murs; sous les bouses. C C.

H. CADAVERINUS. *E. H.*

Dans les fumiers, sous les ordures. C C.

H. BINOTATUS. *Erich.*

Sous les bouses. C.

H. VENTRALIS. *De Mars.*

Détritus végétaux, fumiers, ordures. C.

H. SINUATUS. *Illig.*

    Sous les bouses. C.

H. QUADRINOTATUS. *Scrib.*

    Sous les bouses. C.

H. DUODECIM-STRIATUS. *Schrank.*

    Végétaux en décompositions, bois pourri, bouses. C.

H. CORVINUS. *Germ.*

    Sous les détritus végétaux. R.

H. BIMACULATUS. *Lin.*

    Dans les fumiers. C C.

ONTHOPHILUS. *Leach.*

O. EXARATUS. *Illig.*

    Sous les bouses, sous les ordures. R R.

PAROMALUS. *Erich.*

P. MINIMUS. *Aubé.*

    Sous les écorces pourries. R.

SAPRINIENS.

SAPRINUS. *Erich.*

S. MACULATUS. *Ros.*

    Sous une couleuvre morte. Mai. R R.

S. SUBNITIDUS. *De Mars.*

> Hante les petits cadavres, couleuvres, taupes, lézards, crapauds, rats, poulets, etc. Fréquemment avec le *Dèsmestes Frischii* et le *Silpha sinuata.* Quelquefois sous les ordures. C C.

S. SPECULIFER. *Latr.*

> Sous les ordures. C C.

S. OENEUS. *Fab.*

> Les couleuvres mortes, les ordures. R.

S. VIRESCENS. *Payk.*

> Sous les bouses. C C.

S. METALLESCENS. *Erich.*

> Sous les ordures. R R.

S. DETERSUS. *Illig.*

> Les couleuvres mortes. R R.

S. PURVUS. *Erich.*

> Sous les ordures. R.

ABRÆUS. *Leach.*

A. GLOBULUS. *Creutz.*

> Sous les ordures. C.

SCAPHIDIIDES.

SCAPHISOMA. *Leach.*

S. AGARICINUM. *Oliv.*

> Sur les champignons, bois pourri des saules. C C.

TRICHOPTÉRYGIDÉS.

TRICHOPTERYX. *Kirby.*

T. ATOMARIA. *De Géer.*

> Les celliers, sous les fagots de sarments ; prairies, au pied des saules. C C.

T. FASCICULARIS. *Herbst.*

> Viaduc de la Durance, sous les touffes de l'*Erianthus Ravennæ*. C.

PHALACRIDÉS.

PHALACRUS. *Payk.*

P. CORRUSCUS. *Payk.*

> Le printemps sur les fleurs, les aubépines ; l'hiver au pied des saules et des platanes. C C.

OLIBRUS. *Erich.*

O. PYGMÆUS. *Sturm.*

> Au pied des saules ; l'hiver. C C.

O. ATOMARIUS. *Lin.*

> Au pied des saules ; l'hiver. C C.

NITIDULIDES.

BRACHYPTÉRIENS.

CERCUS. *Latr.*

C. RUFILABRIS. *Latr.*

Les fossés, sur les joncs, le *Scirpus palustris*; mai. C. C.

BRACHYPTERUS. *Kugel.*

B. URTICÆ. *Fab.*

Les Angles, sur l'*Urtica pilulifera*; avril, mai. C C.

CARPOPHILIENS.

CARPOPHILUS. *Steph.*

C. HEMIPTERUS. *Lin.*

Sur les agarics pourris; le printemps. R R.

NITIDULIENS.

NITIDULA. *Fab.*

N. FLEXUOSA. *Fab.*

Villeneuve, dans un crâne de bœuf desséché, en
société avec quelques *Necrobia ruficollis* (*Co-*
rynetes). Le printemps, sur les aubépines. R.

SORONIA. *Erich.*

S. GRISEA. *Lin.*

Dans les vermoulures des larves de longicornes
rongeant le peuplier noir; sous les écorces des
saules et des platanes. R.

PRIA. *Steph.*

P. DULCAMARÆ. *Ill.*

Sur la douce-amère, moulin de l'Épi; mai. C C.

MELIGETHES. *Kirby.*

M. ÆNEUS. *Fab.*

Sur les fleurs, les aubépines; mai, juin. R.

M. PEDICULARIUS. *Fab.*

Sur les aubépines en fleur; avril, mai. C C.

M. FUSCUS. *Oliv.*

Bois des Issards, sur le *Cistus albidus*; mai. C C.

3

PELTIDES.

NEMOSOMA. *Latr.*

N. ELONGATA. *Latr.*

Sa larve vit dans les rameaux secs du figuier. R R.

TROGOSITA. *Oliv.*

T. MAURITANICA. *Lin.*

Sa larve vit dans les farines. La métamorphose a lieu en juin, juillet. L'insecte parfait est fréquent dans les moulins parmi les résidus du lavage des blés. On le trouve encore sous les écorces des saules morts, sous les écorces des ormes attaqués par les scolytes. C C.

COLYDIIDÉS.

AULONIUM. *Erich.*

A. SULCATUM. *Oliv.*

Sous les écorces des ormes attaqués par les scolytes. R R.

APEISTUS. *Motsch.*

A. SETOSUS. *Redt.*

Sa larve vit sous les écorces pourries du peuplier noir. La métamorphose a lieu en juin. R.

CERYLON. *Latr.*

C. HISTEROÏDES. *Fab.*

Les vieux saules, dans le bois mort. R.

CUCUJIDÉS.

PEDIACUS. *Sch.*

P. DERMESTOÏDES. *Fab.*

Les celliers, sous les tas de bois; sous l'écorce des vieux figuiers. C.

MONOTOMA. *Herbst.*

M. QUADRIFOVEOLATA. *Aubé.*

Les celliers, sous les sarments. C.

CRYPTOPHAGIDÉS.

SYLVANUS. *Latr.*

S. FRUMENTARIUS. *Fab.*

Les greniers à blé, avec le *Calandra granaria.* C C.

S. UNIDENTATUS. *Fab.*

Sous les vieilles écorces du peuplier noir. C.

S. sulcatus. *Fab.*

> Sous les vieilles écorces des ormes ravagés par les scolytes, sous les vieilles écorces du figuier. C.

ANTHEROPHAGUS. *Latr.*

A. pallens. *Oliv.*

> Le printemps, sur les fleurs ; l'hiver, sous les vieilles écorces du platane. C C.

CRYPTOPHAGUS. *Herbst.*

C. cellaris. *Fab.*

> Les celliers, sous les détritus de bois ; les champignons pourris ; sous les vieilles écorces ; le printemps, sur les aubépines. C C.

MYCÉTOPHAGIDÉS.

MYCETOPHAGUS. *Hellw.*

M. piceus. *Fab.*

> Sur les agarics, en compagnie des *Diaperis* ; bois pourri des vieux saules. R.

LITARGUS. *Erich.*

L. bifasciatus. *Fab.*

> Saules morts, avril. R,

LATHRIDIIDÉS.

LATHRIDIUS. *Ill.*

L. TRANSVERSUS. *Oliv.*

Fagots de ramée abandonnés à l'air ; les celliers, sous les sarments. C C.

CORTICARIA. *Marsh.*

C. SERRATA. *Payk.*

Au pied des saules, fagots de ramée. C.

C. IMPRESSA. *Oliv.*

Les celliers, sous les détritus de bois. C C.

C. FOVEOLA. *Beck.*

Sur les pins, au pied des saules. C.

C. PUSCULA. *Hum.*

Au pied des saules. C.

DERMESTIDÉS.

DERMESTES. *Lin.*

D. PARDALIS. *Schoen.*

Sous les cadavres des petits animaux, notamment des couleuvres, taupes, lézards, crapauds. Mai. C C.

D. FRISCHII, *Kugel.*

> Sous les cadavres des petits animaux, fréquemment avec le *Silpha sinuata* et le *Saprinus subnitidus.* Le printemps, l'automne. C C.

D. VULPINUS. *Fab.*

> Attaque les cocons dans les magasins pour atteindre la chrysalide. Mai. C C.

D. LARDARIUS. *Lin.*

> Attaque les provisions salées dans les habitations. Se montre au printemps sur les fleurs en société des *Anthrènes.* C C.

D. UNDULATUS. *Brahm.*

> En été, sous les cadavres des petits animaux ; en hiver, sous les vieilles écorces des ormes ravagés par les scolytes. C.

D. ATER. *Oliv.*

> En hiver, sous les vieilles écorces des ormes ravagés par les scolytes ; en mai, sur le chêne blanc. R R.

ATTAGENUS. *Latr.*

A. STYGIALIS. *Muls.*

> Juin, sur les fleurs du jujubier. C C.

A. TRIFASCIATUS. *Fab.*

> Le printemps, sur les fleurs. C.

A. PICEUS. *Oliv.*

> Juin, sur les fleurs du jujubier. C C.

A. FULVIPES. *Muls.*

> Juin, sur les fleurs du jujubier. C C.

ANTHRENUS. *Geoff.*

A. VARIUS. *Fab.*

> Au printemps, sur toutes les fleurs dans les jardins ; très-abondant dans les spathes du *Richardia æthiopica*. Sa larve ravage les collections entomologiques. C. C.

A. PIMPINELLÆ. *Fab.*

> Avec le précédent, mais bien moins abondant. C.

GEORYSSIDÉS.

GEORYSSUS. *Latr.*

G. PYGMÆUS. *Latr.*

> Au pied des platanes, l'hiver. RR.

PARNIDÉS.

PARNUS. *Fab.*

P. PROLIFERICORNIS. *Fab.*

> Herbages aux bords des fossés ; l'été. C. C.

LUCANIDÉS.

LUCANUS. *Scop.*

L. CERVUS. *Lin.*

Il est douteux que cette espèce appartienne à la faune des environs d'Avignon. On ne trouve ici le cerf-volant que d'une manière accidentelle, amené sans doute des localités plus boisées, par quelque coup de vent. R R.

DORCUS. *Mac-Leay.*

D. PARALLELIPIPEDUS. *Lin.*

Très-fréquent au voisinage des vieux saules. Sa larve vit dans le terreau des saules cariés, avec la larve de la cétoine dorée. C C.

SCARABÉIDÉS.

COPRIENS.

SCARABÆUS. *Lin.*

S. SACER. *Lin.*

Roule ses pilules de bouse au plateau sablonneux des Angles. Très-abondant en mai ; reparaît, mais en petit nombre, après les premières pluies automnales. Ne se montre jamais sur la rive gauche du Rhône. C C.

S. LATICOLLIS. *Lin.*

> Rive droite du Rhône, lieux sablonneux ; le prin-
> temps et l'automne. C C.

GYMNOPLEURUS. *Ill.*

G. FLAGELLATUS. *Fab.*

> Plateau des Angles, avec le scarabé sacré. Mai.
> C C.

G. PILULARIUS. *Fab.*

> Bellevue, plateau des Angles. R.

SISYPHUS. *Latr.*

S. SCHÆFFERI. *Lin.*

> Collines de Villeneuve, l'automne. R R.

COPRIS. *Geoff.*

C. HISPANUS. *Lin.*

> Plus fréquent sur la rive droite que sur la rive
> gauche du Rhône ; le printemps et l'automne.
> C C.

C. LUNARIS. *Lin.*

> Rive droite du Rhône ; le printemps et l'automne.
> R R.

BUBAS.

B. BUBALUS. *Oliv.*

> La Barthelasse, les Angles. Mai. R.

ONITICELLUS. *Lep.*

O. FLAVIPES. *Fab.*

Partout, le printemps et l'automne. C C.

ONTHOPHAGUS. *Latr.*

O. TAGES. *Oliv.*

Plateau des Angles, le printemps et l'automne.
C C.

O. TAURUS. *Lin.*

Toute la belle saison, partout. C C.

O. VACCA. *Lin.*

Partout. C C.

O. LEMUR. *Fab.*

Apparaît un des premiers, dès le mois de février.
C C.

O. MAKI. *Illig.*

Partout. C C.

O. FRACTICORNIS. *Fab.*

Apparaît dès le mois de février. Partout. C C.

O. COENOBITA. *Herbst.*

L'automne, partout. C C.

O. FURCATUS. *Fab.*

Partout. C C.

O. OVATUS. *Lin.*

Habite le plus souvent les bouses comme les
autres onthophages, mais se trouve aussi sous
les cadavres des petits animaux avec les silphes, les dermestes, les saprins. Partout. C C.

O. Schreberi. *Lin.*

Partout. C C.

Sous la même bouse se trouvent fréquemment ensemble les espèces suivantes : *Onthophagus tages, taurus, lemur, maki, vacca, furcatus, Schreberi.*

APHODIENS.

APHODIUS. *Illig.*

A. subterraneus. *Lin.*

Les fumiers, les ordures. Abondant dans les jardins de la ville. Toute la belle saison. C C.

A. scybalarius. *Fab.*

Les bouses, les ordures. Sa métamorphose a lieu en mars. Partout. C C.

A. fimetarius. *Lin.*

Les bouses; le printemps et l'automne. C C.

A. bimaculatus. *Fab.*

Les bouses; le printemps. C C.

A. merdarius. *Fab.*

Apparaît dès le mois de février. Partout. C C.

A. quadriguttatus. *Herbst.*

Les Angles, en avril. R.

A. luridus. *Fab.*

Apparaît en fin février. Partout. C C.

A. NITIDULUS. *Fab.*

> Les jardins de la ville, sous les ordures ; l'été et l'automne. R.

A. PUSILLUS. *Herbst.*

> Les jardins, sous les ordures. Mai. R.

A. GRANARIUS. *Lin.*

> Les jardins de la ville, sous les ordures ; apparaît dès le mois de février. C C.

A. LUGENS. *Creutz.*

> Sous les bouses, de juin en octobre. C C.

A. IMMUNDUS. *Creutz.*

> De juin en octobre, souvent avec l'*A. lugens*. C.

A. PORCUS. *Fab.*

> L'automne, partout. C.

A. ERRATICUS. *Lin.*

> L'été et l'automne. R.

A. OBSCURUS. *Fab.*

> Très-fréquent en automne, sur la rive droite du Rhône. C C.

A. INQUINATUS. *Herbst.*

> La fin de l'hiver et l'automne jusqu'en novembre. C C.

A. CONSPUTUS. *Creutz.*

> Février, octobre, novembre. C C.

A. CONTAMINATUS. *Herbst.*

> Octobre. C C.

A. PRODROMUS. *Brahm.*

> Février, octobre, novembre. C C.

OXYOMUS. *Esch.*

O. PORCATUS. *Fab.*

Sous les ordures, sous les plantes et les champignons pourris. Le printemps et l'automne. C C.

O. ASPER. *Fab.*

Sous les ordures, juin. C C.

O COESUS. *Panz.*

Terreau des vieux saules. R.

———

GÉOTRUPIENS.

GEOTRUPES. *Latr.*

G. TYPHŒUS. *Lin.*

Le printemps et l'automne; collines de Villeneuve et des Angles, plus rarement sur la rive gauche du Rhône. C.

G. STERCORARIUS. *Lin.*

Le printemps et l'automne, partout. C C.

G. MUTATOR. *Marsh.*

Le printemps et l'automne, partout. C.

G. HYPOCRITA. *Schneid.*

Le printemps et l'automne, partout. C C.

G. SYLVATICUS. *Panz.*

Moulin de Cambis, un seul individu. R R.

———

TROGIDIENS.

TROX. *Fab.*

T. HISPIDUS. *Laich.*

Juin, août, sous les feuilles radicales des *Verbascum*. R.

T. PERLATUS. *Scrib.*

Avril, lieux sablonneux, chemin des Angles. R.

— — —

MÉLOLONTHIENS.

MELOLONTHA. *Fab.*

M. FULLO. *Lin.*

Apparaît sur les pins vers le solstice d'été. Un mois plus tard, il n'y en a plus. Vole le soir en abondance autour des pins du Rocher des Doms. C C.

M. VULGARIS. *Fab.*

Du milieu d'avril au milieu de mai. Partout. C C.

ANOXIA. *Lap.*

A. VILLOSA. *Fab.*

Apparaît en juin. Vole le soir autour des ormes pour l'accouplement. Sa larve vit dans le sol sablonneux du plateau des Angles, où elle est très-abondante. Partout. C C.

RHIZOTROGUS. *Latr.*

R. cicatricosus. *Muls.*

En mai. R R.

AMPHIMALLUS. *Latr.*

A. rufescens. *Latr.*

Apparaît vers le solstice d'été. Vole le soir autour des ormes à la porte de l'Oulle. Sa larve vit dans les champs de céréales. C C.

A. ruficornis. *Fab.*

En juin. Vole le matin autour des graminées. C.

RUTÉLIENS.

EUCHLORA. *Mac-Leay.*

E. julii. *Payk.*

Bords de la Durance et du Rhône, sur les saules, les aulnes; juin. Sa larve vit dans le sol sablonneux du plateau des Angles. C.

PHYLLOPERTHA. *Kirb.*

P. campestris. *Latr.*

Ronge les feuilles du chêne kermès. Montaux; mai, juin. C.

ANISOPLIA. *Lep.*

A. ARVICOLA. *Oliv.*

Très-abondant, en juin, au bord des chemins sur les graminées (*Lolium perenne*), dont il ronge les anthères. C C.

HOPLIENS.

HOPLIA. *Ill.*

H. GRAMINICOLA. *Fab.*

Bords du Rhône, sur les saules ; de mai en juillet. C.

H. PHILANTHUS. *Sulz.*

Sur l'aubépine; bords de la Durance, Montdevergues. Mai, juin. R.

H. FARINOSA. *Lin.*

Sur les saules, bords de la Durance. Juin. R.

CÉTONIENS.

CETONIA. *Ill.*

C. SPECIOSISSIMA. *Scop.*

La Barthelasse, sur les poiriers, dont il ronge les fruits. Juin. R R.

C. AFFINIS. *Andersch.*

> Collines des Angles, sur le chêne blanc et sur
> l'yeuse. Juin, juillet. R.

C. FLORICOLA. *Herbst.*

> Sur les fleurs de l'aubépine et de l'yèble, sur
> les saules et sur l'yeuse. De mai en juillet.
> Collines des Angles et de Villeneuve. C.

C. AURATA. *Lin.*

> Sur les fleurs de l'aubépine et de l'yèble. De
> mai en juillet. Partout. Sa larve vit dans le
> terreau des vieux saules. C C.

C. MORIO. *Fab.*

> Sur les fleurs des chardons (*Carduus nigrescens*).
> De mai en juillet. Collines de Villeneuve. C C.

C. FLORALIS. *Fab.*

> Sur les fleurs des chardons (*Carduus nigrescens*,
> *Echinops ritro*). Parfois avec le *Cetonia morio.*
> Collines de Villeneuve. Juin, juillet. R.

C. STICTICA. *Lin.*

> Sur les fleurs de l'aubépine, du genêt d'Espagne,
> de la ronce, du panicaut, du *Centaurea as-*
> *pera*, etc., etc. Avril, juillet. Partout. C C.

C. HIRTELLA. *Lin.*

> Sur les fleurs de l'hyèble, du poirier sauvage, de
> l'aubépine, des scabieuses, des chardons, des
> centaurées etc., etc. Fréquent dans les jardins.
> Mars, juin. Partout. C C.

C. squalida. *Lin.*

> Sur les fleurs du pissenlit; les jardins, dans les spathes du *Richardia æthiopica*. Avril, juin. C.

Dans les premiers jours de juillet, on trouve ensemble sur l'yeuse *C. morio, C. aurata, C. affinis, C. floricola*, occupés à lécher les exsudations des jeunes glands.

TRICHIUS. *Fab.*

T. abdominalis. *Men.*

> Sur les fleurs de la ronce, du genêt d'Espagne. Juin. C.

VALGUS. *Scrib.*

V. hemipterus. *Lin.*

> Sur les fleurs de l'aubépine. Avril, mai. Sa larve vit dans les souches pourries de l'aubépine, dans les planches de sapin abandonnées à l'air. Partout. C.

DYNASTIENS.

ORYCTES. *Latr.*

O. nasicornis. *Illig.*

> Au voisinage des souches pourries dans lesquelles vit sa larve. Se prend parfois dans la rue des Lices et provient alors, sans doute, des tanneries voisines, où sa larve vit dans le vieux tan. Juin. R.

O. silenus. *Fab*.

> Le Chêne-Vert, au bord du chemin, où il erre
> le soir, Juin, juillet. R.

PENTODON. *Kirb*.

P. punctatus. *Villers*.

> Se trouve toujours errant au bord des chemins.
> De mars en septembre. Partout. Sa larve vit
> dans les sols battus. C C.

BUPRESTIDES.

PTOSIMA. *Serv*.

P. novemmaculata. *Fab*.

> Sur l'aubépine, le prunelier, l'abricotier, le pê-
> cher, le prunier, dans lesquels vit sa larve.
> Mai, juin. C.

CAPNODIS. *Esch*.

C. tenebrionis. *Lin*.

> Collines de Villeneuve, sur l'aubépine, le pru-
> nelier, le poirier sauvage, l'abricotier, dans
> lesquels sa larve vit très-probablement. De
> mai en juillet. C C.

C. tenebricosa. *Fab*.

> Les baies d'aubépine. Mai, juin. R R.

BUPRESTIS. *Lin.*

B. ÆNEA. *Lin.*

Sur les aubépines, les amandiers. De juin en septembre. R.

B. MICANS. *Fab.*

Sa larve vit dans les vieux saules. Juillet. R.

B. FLAVO-MACULATA. *Fab.*

Platanes de la cour du Lycée. Juillet. R R.

B. RUTILANS. *Fab.*

Sa larve vit dans l'orme. Juin. R.

B. FESTIVA. *Lin.*

Sa larve vit dans les arbres fruitiers. Juin. R.

SPHENOPTERA. *Sol.*

S. GEMINATA. *Ill.*

Rare à Avignon, commun à Carpentras où il sert d'approvisionnement aux larves d'une espèce de *Cerceris*, peut-être le *C. bupresticida* de L. Dufour. Juin. R R.

MELANOPHILA. *Esch.*

M. DECASTIGMA. *Fab.*

Sa larve vit sous l'écorce des peupliers noirs ravagés par les larves du *Clytus liciatus*. La métamorphose a lieu en fin mai. C.

ANTHAXIA.

A. MANCA. *Fab.*

> Sa larve vit dans les rameaux de l'orme. L'insecte parfait apparaît en avril. C C.

A. CYANICORNIS. *Fab.*

> Mai. R R.

A. SALICIS. *Fab.*

> En juin, sur les fleurs de l'*Elychrysum stachas*; Bellevue. R R.

A. NITIDICOLLIS. *L. G.*

> Bellevue, sur l'*Eryngium campestre*, où la larve paraît vivre. Juin. C C.

A. SEPULCHRALIS. *Fab.*

> Sa larve vit dans le *Spartium junceum*. Mai. R.

CHRYSOBOTHRYS. *Esch.*

C. CHRYSOSTIGMA. *Lin.*

> Mai, juin. R R.

CORÆBUS. *L. G.*

C. RUBI. *Lin.*

> Sur le *Rubus fruticosus* et le *Rubus cæsius*. Juin. C C.

C. BIFASCIATUS. *Oliv.*

> Rocher des Doms. Juin. R R.

AGRILUS. *Sol.*

A. SEXGUTTATUS. *Herbst.*

> Fontaine des Angles, sur le tronc des saules. Fin juin. R R.

A. COERULEUS. *Rossi.*

> Sur le *Carlina corymbosa* avec le *Larinus ursus.*
> Collines de Villeneuve ; mai, juin. R.

A. AURICOLLIS. *Ksw.*

> Sur le peuplier noir. Mai, juin. C.

A. AURICHALCEUS. *Redt.*

> Sur le *Rhamnus infectorius*, collines de Ville-
> neuve. Mai. R.

A. VIRIDIS. *Lin.*

> Sur la vigne, la ronce, le *Rhamnus alaternus.* Mai,
> juin. C C.

TRACHYS. *Fab.*

T. PYGMÆA. *Fab.*

> Les jardins, sur les fleurs des passeroses. Juin. C.

T. MINUTA. *Lin.*

> Sur les saules et le peuplier blanc. Avril. C.

APHANISTICUS. *Latr.*

A. EMARGINATUS. *Fab.*

> Les fossés, sur les joncs et autres plantes aqua-
> tiques. Avril, mai. C C.

THROSCIDÉS.

THROSCUS. *Latr.*

T. CARINIFRONS. *De Bonv.*

> Au pied des saules, sous les détritus des feuilles;
> en hiver. C.

T. pusillus. *Héer.*
> Avec le précédent. C.

ÉLATÉRIDÉS.

AGRYPNIENS.

ADELOCERA. *Latr.*

A. carbonaria. *Sckranck.*
> Bois mort des vieux saules. R.

AGRYPNUS. *Esch.*

A. murinus. *Lin.*
> Prairies du moulin de l'Épi, les jardins. Mai. C C.

LUDIIENS.

CAMPYLOMORPHUS. J. du V.

C. homalisinus. *Illig.*
> Haies d'aubépine. Mai. R R.

ATHOUS. *Esch.*

A. dejeanii. *Cast.*
> Saules et ormes cariés. Juin. R.

A. NIGER. *Lin.*

>Les jardins, sur les fleurs. Juin. R.

A. LONGICOLLIS. *Fab.*

>Les jardins, sur les fleurs. Mai, juin. R.

A. VITTATUS. *Fab.*

>Les jardins, sur les fleurs; les Angles sur les chênes blancs. Mai. R.

LIMONIUS. *Esch.*

L. NIGRIPES. *Gyll.*

>Les prairies, sur les graminées; avril, mai. C C.

AGRIOTES. *Esch.*

A. SPUTATOR. *Lin.*

>Les prairies, mai. C C.

A. LINEATUS. *Lin.*

>Les prairies, mai. C C.

A. PILOSUS. *Fab.*

>Les prairies, sur les graminées; mai. C C.

ADRASTUS. *Esch.*

A. PALLENS. *Fab.*

>Sur les saules, mai. R.

A. LIMBATUS. *Fab.*

>Sur les saules et les peupliers noirs. Mai. C C.

MELANOTUS. *Esch.*

M. BRUNNIPES. *Germ.*

>Les haies d'aubépines. Mai, juin. C C.

M. castanipes. *Payk.*

    Sur le chêne blanc. Mai, juillet. R.

M. niger. *Fab.*

    Sur le chêne blanc. Juin. R.

ÉLATÉRIENS.

ELATER. *Lin.*

E. sanguineus. *Lin.*

    Bois mort des vieux saules. Avril, mai. R.

E. crocatus. *Steph.*

    Bois mort des vieux saules. Avril, mai. C.

E. austriacus. *Casteln.*

    Bois mort des vieux saules. Avril. R.

E. nigerrimus. *Lac.*

    Bois mort du peuplier noir. Avril. R R.

CRYPTOHYPNUS. *Esch.*

C. bimaculatus. *Fab.*

    Lieux sablonneux, dans les gazons, sous les feuil-
les mortes. Toute l'année. Partout. C C.

CARDIOPHORUS. *Esch.*

C. biguttatus. *Fab.*

    Sur les aubépines, dans les vieux saules. Avril. C.

4

C. RUFICOLLIS. *Lin.*

> Les vieux saules. Avril, mai. C.

C. RUFIPES. *Fab.*

> Sur les chênes blancs, sur les peupliers; passe
> l'hiver sous les écorces mortes de l'orme et du
> platane. Avril, mai. C.

C. MUSCULUS. *Er.*

> Sur les aubépines, les peupliers blancs. Avril,
> mai. C.

CÉBRIONIDÉS.

CEBRIO. *Oliv.*

C. GIGAS. *Fab.*

> Vole en rasant le sol après les pluies d'orage.
> Août, novembre. R.

LAMPYRIDÉS.

LAMPYRIS. *Lin.*

L. NOCTILUCA. *Lin.*

> Se prend le soir autour des lampes, dans les
> habitations. Juillet. R.

L. MAURITANICA. *Oliv.*

> Sa larve est fréquente parmi les pierres sur les collines de Villeneuve. Elle se nourrit de colimaçons. L'insecte parfait se prend rarement.

DYCTIOPTERA. *Latr.*

D. SANGUINEA. *Fab.*

> Sur les plantes des fossés; juin. R R.

DRILUS. *Oliv.*

D. FLAVESCENS. *Fourc.*

> Les prairies, sur les fleurs; mai, juin. C.

TÉLÉPHORIDÉS.

TELEPHORUS. *Schæf.*

T. OCULATUS. *Gebl.*

> Les haies, les prairies, les plantes des bords des fossés; mai. Sa larve vit dans la terre; la métamorphose a lieu en fin mars. C C.

T. RUSTICUS. *Fab.*

> Les haies, les prairies. Mai. C C.

T. LIVIDUS. *Lin.*

> Les oseraies, les prairies; mai. Sa larve vit dans la terre, dans les mêmes localités que celle du *T. oculatus.* La métamorphose a lieu en fin mars. C C.

T. FULVUS. *Scop.*

>Prairies, oseraies, sur les graminées, les fleurs des ombellifères, les corymbes du *Sambucus ebulus* ; mai, juin. C C.

T. RUFESCENS. *Letzn.*

>Avec le précédent. R.

T. OBSCURUS. *Lin.*

>Les oseraies, sur les saules ; avril, mai. C.

T. FEMORALIS. *Brul.*

>Les prairies, les haies d'aubépines ; avril, mai. C.

T. PALLIDUS. *Fab.*

>Sur les yeuses, mai. R.

MALTHINUS. *Latr.*

M. FILICORNIS. *Ksw.*

>Sur les peupliers ; juin. R.

M. FASCIATUS. *Fall.*

>Sur l'yeuse et le chêne kermés ; avril, mai. C C.

M. BIGUTTULUS. *Payk.*

>Sur les saules ; mai. R R.

MALACHIIDÉS.

MALACHIENS.

MALACHIUS. *Fab.*

M. ÆNEUS. *Lin.*
> Sur les blés, les graminées; mai. C C.

M. RUFUS. *Fab.*
> Sur les fleurs, les blés, les graminées; avril, mai. C C.

M. DENTIFRONS. *Er.*
> Les prairies, sur les fleurs; avril, mai. R.

M. PARILIS. *Er.*
> Sur les graminées; avril, mai. R R.

M. MARGINELLUS. *Fab.*
> Les prairies, sur les fleurs; mai. C.

M. PULICARIUS. *Fab.*
> Les jardins, sur les fleurs; mai. R.

M. AUSTRALIS. *Muls.*
> Sur les fleurs des sainfoins; mai. C C.

ANTHOCOMUS. *Er.*

A. EQUESTRIS. *Fab.*
> Sur les fleurs du *Carlina corymbosa*; juin. R.

A. FASCIATUS. *Lin.*
> Sur les fleurs; août. R.

EBÆUS. *Er.*

E. THORACICUS. *Fab.*

Les prairies sur les fleurs ; avril, mai. C C.

COLOTES. *Er.*

C. TRINOTATUS. *Er.*

Sur les saules ; juin. R.

DASYTIENS.

HENICOPUS. *Steph.*

H. PILOSUS. *Scop.*

Bords des champs et bords des chemins, sur les graminées ; mai. C C.

DASYTES. *Payk.*

D. ÆNEUS. *Oliv.*

Sur les aubépines en fleurs ; avril, mai. R.

D. COERULEUS. *Fab.*

Sur les fleurs ; mai. C C.

HAPLOCNEMUS. *Steph.*

H. NIGRICORNIS. *Fab.*

Sur les aubépines en fleurs ; avril. S'abrite l'hiver sous les vieilles écorces des platanes. C C.

DANACEA. *Lap.*

D. FALLIPES. *Panz.*

Sur les aubépines en fleurs ; avril, mai. C C.

CLÉRIDES.

CLÉRIENS.

THANASIMUS. *Latr.*

T. FORMICARIUS.

Sous les vieilles écorces du platane. C.

CLERUS. *Geoff.*

C. OCTOPUNCTATUS. *Fab.*

Sur les fleurs ; mai. Sa larve est parasite de l'*Anthophora pilipes*. R R.

C. APIARIUS. *Fab.*

Sur les capitales de l'*Eryngium campestre*, apparaît fréquemment dans les jardins ; juin, juillet. C C.

CORYNÉTIENS.

CORYNETES. *Herbst.*

C. VIOLACEUS. *Lin.*

Sur les pins, sur les haies, parfois dans les jardins de la ville ; avril, septembre. R.

C. RUPICOLLIS. *Fab.*

Vieilles galeries creusées dans les branches de de l'orme par la chenille de la zeuzère, ossements jetés à la voirie. Au printemps sur les fleurs. R.

PTINIDÉS.

GIBBIUM. *Scop.*

G. SCOTIAS. *Fab.*

Saules cariés ; octobre. R.

PTINUS. *Lin.*

P. GERMANUS. *Fab.*

Sous les vieilles écorces des platanes ; l'hiver. R.

P. SEXPUNCTATUS. *Panz.*

Vieilles cellules des abeilles maçonnes (*Chalicodoma sicula*). L'hiver sous les vieilles écorces des platanes. C.

P. ornatus. *Germ.*

L'hiver sous les vieilles écorces des platanes. R.

ANOBIIDÉS.

ANOBIUM. *Fab.*

A. hirtum. *Illig.*

Les habitations; juin, août. R.

A. domesticum. *Fourc.*

Les habitations; juin, juillet. Sa larve vit dans les meubles, les boiseries. C C.

A. paniceum. *Lin.*

L'insecte parfait et sa larve ravagent les herbiers. Juin. C C.

MESOCOELOPUS. *J. du V.*

M. collaris, *Chev.*

Sa larve vit dans les tiges mortes du lierre. L'insecte parfait apparaît dans la première quinzaine de juin. C C.

APATIDÉS.

SINOXYLON. *Duft.*

S. SEXDENTATUM. *Oliv.*

Sa larve vit dans les rameaux morts du figuier, de l'orme, du poirier sauvage, de la ronce, de la vigne, où l'insecte parfait se trouve la majeure partie de l'année. Fréquent dans les fagots de sarments. C C.

APATE. *Fab.*

A. CAPUCINA. *Lin.*

Sa larve vit dans le tronc du peuplier blanc, de l'yeuse et autres arbres. L'insecte parfait apparaît en avril. Se montre parfois en quantité innombrable dans les fagots de souches d'yeuse à la porte St-Lazare. C.

A. LUCTUOSA. *Oliv.*

Pris un seul individu au bord du Rhône. Mai. R R.

PSOA. *Herbst.*

P. DUBIA. *Rossi.*

Les Angles, sur les aubépines ; avril. R R.

TÉNÉBRIONIDÉS.

PIMÉLIENS.

STENOSIS. *Herbst.*

S. ANGUSTATA. *Herbst.*

Sous les pierres, au pied des murs. C.

S. MINUTA. *Latr.*

Collines de Bellevue, sous les pierres. R.

SCAURUS. *Fab.*

S. TRISTIS. *Oliv.*

Les Angles, bord des vieux murs ; rarement dans les habitations. R.

S. ATRATUS. *Fab.*

Les Angles, le long des vieux murs. C C.

S. PUNCTATUS. *Herbst.*

Le long des remparts de la ville. R R.

ELENOPHORUS. *Latr.*

E. COLLARIS. *Lin.*

Dans les cavités des escarpements de la mollasse, au voisinage des Angles. C.

AKIS. *Herbst.*

A. PUNCTATA. *Thumb.*

Vieilles masures, fort St-André, chapelle du pont St-Bénézet. C.

ASIDA. *Latr.*

A. sericea. *Oliv.*

Collines de Villeneuve, sous les pierres. C C.

A. Dejeanii. *Sol.*

Collines de Villeneuve, sous les pierres. R.

BLAPS. *Fab.*

B. gigas. *Lin.*

Lieux obscurs des habitations, celliers, écuries.
C C.

B. mortisaga. *Dumér.*

Avec le précédent. C C.

B. mucronata. *Latr.*

Avec les précédents. C C.

PÉDINIENS.

DENDARUS. *Latr.*

D. coarcticollis. *Muls.*

Collines de Villeneuve, sous les pierres. C.

OMOCRATES. *Muls.*

O. abbreviatus. *Oliv.*

Collines de Villeneuve, sous les pierres. C C.

OPATRUM. *Fab.*

O. sabulosum. *Lin.*

>Bords des chemins sablonneux. C C.

O. rusticum. *Oliv.*

>Bords du Rhône, lieux secs et sablonneux, sous
>les pierres. C C.

O. nigrum. *Kust.*

>Bords du Rhône, lieux secs et sablonneux, sous
>les pierres ; Bellevue sous les feuilles radica-
>les du *Verbascum sinuatum.* C C.

LEICHENUM. *Blanch.*

L. pulchellum. *Kust.*

>Bords du Rhône, lieux secs et sablonneux, sous
>les pierres. R R.

DIAPÉRIENS.

DIAPERIS. *Geof.*

D. boleti. *Lin.*

>Sur les champignons. C.

D. bipustulata. *Lap.*

>Avec le précédent. R.

CATAPHRONETIS. *Lin.*

C. BRUNNEA. *Lin.*

> Bords du Rhône, lieux secs, sous les pierres.
> R R.

TÉNÉBRIONIENS.

TENEBRIO. *Lin.*

T. MOLITOR. *Lin.*

> Sa larve vit dans la farine ; les habitations. C C.

T. OBSCURUS. *Fab.*

> Sa larve vit des débris de l'avoine dans les écuries. C.

HÉLOPIENS.

HELOPS. *Fab.*

H. DRYADOPHILUS. *Muls.*

> L'hiver, sous les vieilles écorces des platanes. C C.

H. ASSIMILIS. *Kust.*

> Bellevue sous les pierres, sous les feuilles radicales des *Verbascum* ; sous les écorces des peupliers morts ; en mai sur les yeuses, Montaux. R.

CISTÉLIDÉS.

HYMENALIA. *Muls.*

H. FUSCA. *Ill.*

> Sur le *Carlina corymbosa*, le chêne roure (*Quercus pubescens*) ; collines des Angles. Juin. R.

ISOMIRA. *Muls.*

I. MURINA. *Lin.*

> Sur les yeuses, collines de Villeneuve; avril, mai. C C.

ERYX. *Steph.*

E. ATRA. *Fab.*

> Bois pourri des saules ; juin. R R.

OMOPHLUS. *Sol.*

O. CURVIPES. *Brul.*

> Sur les aubépines, sur les yeuses; Montaux. Mai. C.

O. PICIPES. *Fab.*

> Bords du Rhône, sur les fleurs ; juin. R.

O. LEPTUROÏDES. *Fab.*

> Sur les fleurs, les sainfoins, et surtout les rameaux fleuris de l'yeuse. Mai. C C.

Vers le milieu de mai, sur les yeuses dont les chtaons sont fanés, l'*Omophlus lepturoides* est excessivement abondant. On trouve en même temps sur le même arbre : *Omophlus curvipes*, R ; *Balaninus glandium*, C C ; *Attelabus curculionides*, C ; *Isomira murina*, C C ; *Brachyderes pubescens*, C ; *Malthinus fasciatus*, C C.

LAGRIIDES.

LAGRIA. *Fab.*

L. HIRTA. *Lin.*

> Sur les saules, sur les fleurs, partout. Juin. C C.

L. ATRIPES. *Muls.*

> Les jardins, sur les fleurs de la boule de neige (*Viburnum opulus*). Septembre. R R.

ANTHICIDES.

NOTOXUS. *Geof.*

N. BRACHYCERUS. *Fald.*

> Peupliers noirs, au bord de la Durance ; juin. C.

N. TRIFASCIATUS. *Rossi.*

> La Barthelasse, sur les saules et les peupliers ; juillet. C C.

TOMODERUS. *De la F.*

T. COMPRESSICOLLIS. *Motsch.*

> L'hiver, au pied des saules. R.

FORMICOMUS. *De la F.*

F. PEDESTRIS. *Rossi.*

> Sur le peuplier noir, parfois sous les bouses sè-
> ches ; juin, août. L'hiver au pied des saules
> et sous les vieilles écorces des platanes. C C.

F. RODRIGUEI. *Lair.*

> Sur les saules, parfois sous les bouses sèches ;
> juillet. L'hiver, sous les détritus de feuilles,
> fréquent dans les jardins. C C.

ANTHICUS. *Payk.*

A. QUADRIGUTTATUS. *Rossi.*

> Sur les fleurs, sous les bouses sèches ; juillet.
> L'hiver, sous les détritus de feuilles. Fréquent
> dans les jardins. C C.

A. TENELLUS. *De la F.*

> Les jardins, sur les fleurs ; juillet. R.

A. HISPIDUS. *Rossi.*

> Avec l'*A. quadriguttatus.* Au pied des saules,
> dans les prairies. C C.

A. FLORALIS. *Fab.*

> Les jardins, sur les fleurs ; juillet, août. C.

A. SANGUINICOLLIS. *De la F.*

> L'hiver, sous les vieilles écorces des platanes. R.

A. PLUMBEUS. *De la F.*

> Chemin des Angles, abris au pied des safres ;
> l'automne. R.

A. LONGICOLLIS. *Schm.*

L'hiver, sous les vieilles écorces des platanes. R.

A. QUADRIOCULATUS. *Waltd.*

L'hiver, sous les vieilles écorces des platanes. R.

A. HUMILIS. *Germ.*

Sur l'aubépine en fleurs; avril. R R.

OCHTHENOMUS. *Schm.*

O. UNIFASCIATUS. *Bon.*

L'hiver, sous les pierres. R.

O. TENUICOLLIS. *Rossi.*

Chemin des Angles, abris au pied des safres; viaduc de la Durance, sous les pierres. L'automne et l'hiver. C C.

MORDELLIDÉS.

MORDELLA. *Lin.*

M. ACULEATA. *Lin.*

Sur l'*Eryngium campestre*; juillet. C C.

M. FASCIATA. *Fab.*

Prairies, sur les fleurs des ombellifères; bords des fossés, sur les fleurs du *Lythrum salicaria*. Juin. C.

ANASPIS. *Geof.*

A. MACULATA. *Fourc.*
> Sur les aubépines en fleurs; avril. C C.

A. RUPICOLLIS. *Fab.*
> Sur les aubépines en fleurs ; avril. C C.

A. FRONTALIS. *Lin.*
> Sur les aubépines en fleurs, sur l'*Osyris alba* ;
> avril, mai. C C.

RHIPIPHORUS. *Fab.*

R. BIMACULATUS. *Fab.*
> Sur les capitules de l'*Eryngium campestre* ; juin,
> juillet. C.

R. FLAGELLATUS. *Fab.*
> Sur les capitules de l'*Eryngium campestre*; juin,
> juillet. C.

MYODITES. *Latr.*

M. SUBDIPTERUS. *Fab.*
> Sur les capitules de l'*Eryngium campestre*; juil-
> let, août. C.

MÉLOÏDÉS.

MÉLOÏDIENS.

MELOE. *Lin.*

M. AUTUMNALIS. *Oliv.*

> Le Chêne-Vert, fin novembre. C.

M. TUCCIUS. *Rossi.*

> Carrières des Angles; octobre. C.

M. PROSCARABEUS. *Lin.*

> Bellevue, sur le thym, la luzerne; avril. C.

M. CICATRICOSUS. *Leach.*

> Talus fréquentés par les abeilles maçonnes; le printemps. C.

Le *Meloe cicatricosus* est parasite de l'*Anthophora pilipes* (1).

CANTHARIDIENS.

CEROCOMA. *Geof.*

C. SCHOEFFERI. *Lin.*

> Sur l'*Elychrysum stœchas*, sur les ombelles de l'*Orlaya grandiflora*, coteaux de Bellevue; mai, juin. C.

(1) Consulter notre mémoire sur l'*Hypermétamorphose et les mœurs des Méloïdés*, dans les Annales des sciences naturelles, 1857 et 1858.

(93)

MYLABRIS. *Fab.*

M. Fuesslini. *Panz.*

Sur les scabieuses ; juillet. R.

M. variabilis. *Bilb.*

Sur les capitules du *Carduus nigrescens*, sur les fleurs des scabieuses; collines des Angles. Juin, juillet. C.

M. quadripunctata. *Lin.*

Sur les capitules de l'*Eryngium campestre*, sur les fleurs du *Psoralea bituminosa*; collines des Angles. Juin, juillet. C C.

M. duodecim-punctata. *Oliv.*

Au Chêne-Vert, sur les fleurs des scabieuses; juin. R.

CANTHARIS. *Lin.*

C. vesicatoria. *Lin.*

Sur les frênes ; mai, juin. C C.

LYTTA. *Fab.*

L. verticalis. *Illig.*

Sur les luzernes. De mai en juillet. C C.

SITARIS. *Latr.*

S. muralis. *Forster.*

Est parasite de l'*Anthophora pilipes* (1). Grottes sous la route de Nîmes, chemin de traverse de Bellevue. R R.

(1) Voir notre mémoire sur l'*Hypermétamorphose et les mœurs des Méloïdes.*

S. APICALIS. *Latr*.

Sur les capitules de l'*Eryngium campestre*, au
voisinage des .grottes sous la montée de la
route de Nîmes. Juin, juillet. R R.

ZONITIS. *Fabr*.

Z. PRÆUSTA. *Fab*.

Sur les capitules de l'*Eryngium campestre*, route
de Nîmes. Juillet. R R.

Z. MUTICA. *Fab*.

Les Angles, Bellevue, sur les centaurées. Juin.
R R.

Le *Zonitis mutica* est parasite du *Chalicodoma sicula* et
des *Osmies*. Sa pseudo-chrysalide est celle que j'ai dé-
crite dans mon mémoire sur l'*Hypermétamorphose des
Méloïdés*, page 560. Elle est renfermée dans un sac de
gaze formé par l'épiderme de la larve. Le nid d'hyméno-
ptère où je l'ai trouvée d'abord, a été par erreur attribué
au *Chalicodoma muraria*; il appartient en réalité au *Chalicodoma sicula*. Une seconde fois, j'ai trouvé cette pseudo-
chrysalide, avec l'insecte parfait, dans de vieilles cellules
creusées dans une branche morte de poirier sauvage
(*Pyrus amygdaliformis*) très-probablement par une osmie.

OEDÉMÉRIDÉS.

NACERDES. *Casteln.*

N. CELADONIA. *Oliv.*

Les jardins, sur les fleurs; prairies, sur les ombellifères. Mai, juin. C C.

ASCLERA. *Schm.*

A. COERULEA. *Lin.*

Sur les fleurs; avril. R R.

OEDEMERA. *Oliv.*

OE. BARBARA. *Fab.*

Sur les fleurs de l'églantier, de l'*Orlaya grandiflora*, Montaux. Mai, juin. C.

OE. COERULEA. *Lin.*

Les jardins, sur les fleurs; mai, juin. R.

OE. FLAVIPES. *Fab.*

Les jardins, sur les fleurs; les prairies, les
yeuses, le *Spartium junceum*. Mai. C C.

OE. ATRATA. *Schm.*

Sur les yeuses, le *Spartium junceum*, coteaux de
Montaux. Mai. C C.

CURCULIONIDÉS.

BRUCHIENS.

BRUCHUS. *Lin,*

B. PISI. *Lin..*

Vit dans les lentilles, les pois, les fèves. S'abrite l'hiver sous les écorces des platanes. C C.

B. FLAVIMANUS. *Sch..*

Dans les lentilles, champs de luzerne, sous les écorces des platanes. C C.

B. SEMINARIUS. *Lin.*

Sous les écorces des platanes. C C.

B. LIVIDIMANUS. *Sch.*

Les saules, août. R.

B. CISTI. *Fab.*

Haies d'aubépines, capitules du *Centaurea aspera,* les fleurs dans les jardins; de mai en septembre. S'abrite l'hiver dans les vieilles galeries creusées dans le bois par diverses larves. C C.

B. VARIEGATUS. *Germ.*

Sur l'*Euphorbia characias*; mai. R.

B. IMBRICORNIS. *Panz.*

Sur les pins; septembre. R.

ANTHRIBIENS.

BRACHYTARSUS. *Sch.*

B. scabrosus. *Fab.*

Sur les aubépines, avril. S'abrite l'hiver sous les
vieilles écorces des platanes, principalement
dans l'enfourchure des branches. C C.

———

ATTELABIENS.

ATTELABUS. *Lin.*

A. curculionides. *Lin.*

Sur le chêne kermès, l'yeuse, le chêne roure,
dont il roule les feuilles en courts cylindres.
Montdevergues, Montaux, les Angles. Mai,
juin. C C.

RHYNCHITES. *Herbst.*

R. auratus. *Scop.*

Sur le prunelier, le prunier domestique. Sa
larve vit dans les fruits du prunelier. Avril,
mai. C C.

R. Bacchus. *Lin.*

Sur les pruniers, vallon de Caudau. Avril, mai.
R.

R. PUBESCENS. *Herbst.*

    Sur le chêne roure. Mai. R.

R. BETULETI. *Fab.*

    Sur la vigne, dont il roule les feuilles en forme
    de cigares. Avril, mai. C C.

R. POPULI. *Lin.*

    Viaduc de la Durance, sur le peuplier noir, dont
    il roule les feuilles en menus cigares. Avril,
    mai. C C.

R. ÆQUATUS. *Lin.*

    Sur les aubépines. Avril, juin. C C.

R. CONICUS. *Herbst.*

    Sur les poiriers, pruniers, cerisiers, abricotiers,
    aubépines, dont il coupe les jeunes pousses.
    C'est le *coupe-bourgeons* des jardiniers. Mai. R.

***

APIONIENS.

APION, *Herbst.*

A. PISI. *Fab.*

    Sur la luzerne, qu'il ravage ; dans les jardins,
    partout. Avril, septembre. C C.

A. MELITOTI. *Kirb.*

    Prairies, au pied des saules. Avril. R.

A. FLAVIPES. *Panz.*

    Champs de trèfle, avril. L'hiver au pied des sau-
    les par légions innombrables, dans les prairies.

A. BREVIROSTRE. *Herb*.

> Prairies, au pied des saules, l'hiver. R.

A. MINIATUM. *Sch*.

> Prairies du moulin de l'Épi, sous les mottes sè-
> ches au pied des arbres. R.

A. CARDUORUM. *Kirb*.

> Sur les chardons; avril. C.

A. PUBESCENS. *Kirb*.

> Sur les saules; avril. C.

A. POMONÆ. *Fab*.

> Champs de trèfle; avril. C.

A. TUBIFERUM. *Sch*.

> Bois des Issards, sur le *Cistus albidus*; avril,
> mai. C C.

A. STOLIDUM. *Germ*.

> Prairies des Angles. Mai. C.

A. ONOPORDI. *Kirb*.

> Sur les chardons. Mai. R.

BRACHYCÉRIENS.

BRACHYCERUS. *Fab*.

B. ALGIRUS. *Fab*.

> Lieux sablonneux, sous les pierres. Sa larve vit
> dans les bulbilles de l'ail. C.

B. LATERALIS. *Gyll.*

    Bords des chemins, chaussées du Rhône. C.

BRACHYDÉRIENS.

THYLACITES. *Germ.*

T. FRITILLUM. *Panz.*

    Lieux secs et sablonneux aux bords du Rhône, sous les pierres ; août. C C.

CNEORHINUS. *Sch.*

C. GEMINATUS. *Fab.*

    Prairies, sur le *Centaurea jacea* ; mai. R.

STROPHOSOMUS. *Sch.*

S. HISPIDUS. *Sch.*

    Bellevue, sous les pierres ; septembre. C.

BRACHYDERES. *Sch.*

B. PUBESCENS. *Sch,*

    Sur le chêne vert, collines de Villeneuve ; mai, juin. C C.

TANYMECHUS. *Germ.*

T. PALLIATUS. *Fab.*

    Sur les chardons, les artichauts ; avril, mai. C.

SITONES. *Sch.*

S. CRINITUS. *Oliv.*

    Sur l'aubépine ; juin. R.

S. AMBULANS. *Sch.*

    Sur l'aubépine ; juin. R R.

S. LINEATUS. *Lin.*

    Sur les yeuses, les luzernes, les prairies ; avril,
        juillet. L'hiver, sous les vieilles écorces des
        platanes. C C.

S. HISPIDULUS. *Fab.*

    Les prairies ; juin, septembre. C.

S. ARGUTULUS. *Sch.*

    Prairies des Angles ; mai. C.

S. GRISEUS. *Fab.*

    Les prairies ; juin. C.

POLYDROSUS. *Germ.*

P. CERVINUS. *Lin.*

    Sur le chêne kermès et l'yeuse ; avril. C C.

P. FLAVIPES. *De Géer.*

    Sur les saules, les peupliers ; avril, mai. C C.

P. SERICEUS. *Schall.*

    Sur les cyprès, Montaux ; avril, mai. C C.

METALLITES. *Sch.*

M. AMBIGUUS. *Sch.*

    Sur les saules à feuilles naissantes ; avril. C C.

CHLOROPHANUS. *Germ.*

C. FLAVESCENS. *Herbst.*

Bords de la Durance, sur les osiers; mai. C C.

C. VIRIDIS. *Lin.*

Bords de la Durance, sur les osiers; mai. R.

—————

CLÉONIENS.

CLEONUS. *Sch.*

C. OPHTHALMICUS. *Bon.*

Chemin des Angles, lieux abrités et sablonneux,
sous les pierres; toute l'année. C.

C. MORBILLOSUS. *Fab.*

Bellevue, lieux pierreux. R R.

C. SCUTELLATUS. *Sch.*

Sur le *Cirsium lanceolatum* et le *Cirsium ferox*,
collines de Villeneuve. Parfois dans les jardins
de la ville. Juin, août. C C.

C. ALTERNANS. *Sch.*

Bellevue, sous les pierres; mai. R R.

C. COSTATUS. *Fab.*

Bellevue, le long des murs; mai. C.

C. CINEREUS. *Schrank.*

Bords des chemins; mai, juin. C.

C. palmatus. *Oliv.*

> Chemin des Angles, lieux sablonneux ; octobre.
> R R.

C. turbatus. *Sch.*

> Bellevue, sous les pierres ; mars. R R.

C. punctiventris. *Germ.*

> Terres à blé, au bord des sentiers ; avril. R R.

C. albidus. *Fab.*

> Sur l'*Echium vulgare*, sous les pierres, Bellevue ;
> avril, juin. Parfois dans les jardins de la ville.
> C.

ALOPHUS. *Sch.*

A. triguttatus. *Fab.*

> Prairies du moulin de l'Épi, de Roberty ; mai,
> août. R R.

GEONEMUS. *Sch.*

G. flabellipes. *Oliv.*

> Sur le prunelier ; parfois sur l'yeuse, l'aubépine,
> le *Spartium junceum*. Coteaux de Bellevue ;
> avril, juin. C.

LEPYRUS. *Germ.*

L. colon. *Fab.*

> Sur les saules ; avril, mai. C C.

L. binotatus. *Fab.*

> Gazons aux bords des fossés, sous le fort St-An-
> dré ; avril, mai. R.

HYLOBIUS. *Sch.*

H. FATUUS. *Rossi.*

> Prairies humides, sous le fort St-André; sur le *Lythrum salicaria.* Juin. R R.

ANISORYNCHUS. *Sch.*

A. BAJULUS. *Oliv.*

> Bords des chemins, sous les pierres; avril. mai. R.

PHYTONOMUS. *Sch.*

P. PUNCTATUS. *Fab.*

> Prairies du moulin de l'Épi, sous les boues sèches retirées des fossés; Bellevue, sous les pierres, sous les feuilles radicales des *Verbascum.* Juin, septembre. C C.

P. NIGRIROSTRIS. *Fab.*

> Les prairies, dans les gazons; juin, septembre. L'hiver au pied des saules. C.

P. MURINUS. *Fab.*

> Sur le sainfoin en fleurs; mai. C C.

P. MELES. *Fab.*

> Sur le trèfle et la luzerne; avril, mai. C C.

P. CRINITUS. *Sch.*

> Sur les joncs, dans les fossés; avril. R R.

P. POLLUX. *Fab.*

> Les fossés, sur l'*Helosciadium nodiflorum*; mai. R.

CONIATUS. *Germ.*

C. TAMARISCI. *Fab.*

La Barthelasse, sur les tamarix; mai. C C.

BYRSOPTIENS.

RHYTIRHINUS. *Sch.*

R. IMPRESSICOLLIS. *Sch.*

Chaussées aux bords du Rhône. R R.

OTIORYNCHIENS.

TRACHYPHLÆUS. *Germ.*

T. SCABRIUSCULUS. *Lin.*

Bellevue, sous les pierres. C.

OMIAS. *Germ.*

O. CONCINNUS. *Sch.*

Sur les aubépines fleuries; avril, mai. C C.

PERITELUS. *Germ.*

P. GRISEUS. *Oliv.*

Sur les saules à feuilles naissantes, le peuplier
blanc. Bois des Issards, sur le buis, le chêne
vert, le *Genista scorpius.* Avril, mai. C C.

P. senex. *Sch.*

> Viaduc de la Durance, sur l'*Artemisia campestris*; avril, mai. C C.

P. necessarius. *Sch.*

> Sur les aubépines, les églantiers, le *Buplevrum fruticosum*; coteaux de Bellevue. Mai. R.

OTIORYNCHUS. *Germ.*

O. stomachosus. *Sch.*

> Sur l'aubépine; avril, mai. R.

O. perdix. *Oliv.*

> Sentiers sablonneux aux bords du Rhône; mai. R.

O. atroapterus. *De Géer.*

> Sur les cyprès, sous les pierres; Bellevue. Mars, septembre. C C.

O. scabrosus. *Sch.*

> Moulin de l'Épi, au pied des platanes; l'hiver. R.

O. ligneus. *Oliv.*

> Prairies, au pied des saules, sous les écorces des platanes; Bellevue, sous les pierres. C C.

O. gallicanus. *Sch.*

> Bords du Rhône, sur le *Genista tinctoria*; juin. R.

O. armadillo. *Sch.*

> Sur le chêne roure; mai. R R.

ÉRIRHINIENS.

LIXUS. *Fab.*

L. ANGUSTATUS. *Fab.*

> Sur les chardons en fleurs (*Carduus tenuiflorus et Carduus nigrescens*) ; avril, mai. C C.

L. LEFEBVRII. *Sch.*

> Sur le prunelier, sur le frêne ; juin, juillet. R R.

L. PARAPLECTICUS. *Lin.*

> Les fossés, sur l'*Helosciadium nodiflorum* ; mai. C.

L. VARICOLOR. *Sch.*

> Les fossés, sur la salicaire, la patience ; mai, juin. R.

L. FILIFORMIS. *Fab.*

> Sur les chardons (*Carduus nigrescens*) ; coteaux de Bellevue. Mai, juin. C C.

L. VENUSTULUS. *Sch.*

> Les jardins, sous les feuilles mortes des artichauts, l'hiver. R.

L. ASCANII. *Lin.*

> Sur l'aubépine fleurie, sur les chardons ; avril, mai. R.

L. SANGUINEUS. *Rossi.*

> Sur la patience ; avril, mai. R R.

LARINUS. *Germ.*

L. URSUS. *Fab.*

> Sur le *Carlina corymbosa*; mai, juillet. Se trouve au Ventoux sur le *Carlina acanthifolia.* Sa larve vit dans les réceptacles du *Carlina corymbosa.* La métamorphose a lieu en août, septembre. C C.

L. MACULOSUS. *Sch.*

> Sur l'*Echinops ritro*; juin. Sa larve vit dans les réceptacles de cette plante. C C.

L. FLAVESCENS. *Sch.*

> Sur le *Carduus nigrescens*; plus rarement sur le *Cirsium lanceolatum*, le *Kentrophyllum lanatum.* Mai, juin. C C.

Sur le même pied de *Carduus nigrescens* se trouvent à la fois : *Larinus flavescens, Lixus filiformis, Rhynocyllus latirostris, Ceutorynchus horridus, Ceutorynchus trimaculatus.*

L. SCOLYMI. *Oliv.*

> Sur le *Carduus nigrescens* et le *Centaurea aspera.* Collines de Villeneuve ; juin. R.

L. CYNARÆ. *Fab.*

> La Barthelasse, sur l'*Onopordon acanthium* ; juin. R R.

L. CONFINIS. *J. du V.*

> Sur le *Centaurea aspera* ; mai, juin. C C.

L. ferrugatus. *Sch.*

Avec le précédent, sur le *Centaurea aspera* ; mai,
juin. C C.

L. Leuzeæ.

Ovale, noir avec un léger duvet cendré. Élytres
à stries ponctuées, maculées de nombreuses
petites taches cendrées duveteuses. Thorax ru-
gueux, avec une fine ligne médiane lisse et
une bande de duvet roussâtre de chaque côté.
Rostre assez fort, ponctué, un peu courbé, de
la longueur de la tête et du thorax réunis. Une
fossette entre les yeux. Antennes roussâtres ;
pattes et dessous noirs. Long. de 6 à 7 milli-
mètres. Sa larve vit dans les réceptacles du
Leuzea conifera. La métamorphose a lieu en
juillet. Le Montagnet. C C.

RHYNOCYLLUS. *Germ.*

R. latirostris. *Latr.*

Sur le *Carduus nigrescens*. Mai. C.

PISSODES. *Germ.*

P. notatus. *Fab.*

Sur les pins du Rocher des Doms. Sa larve vit
sous l'écorce du pin d'Alep. La métamorphose
s'achève en fin mai. C.

MAGDALINUS. *Germ.*

M. ATERRIMUS. *Fab.*

> Sa larve vit dans les branches sèches de l'orme, en compagnie de l'*Anthaxia manca.* L'insecte parfait apparaît en avril. C C.

ERIRHINUS. *Sch.*

E. VORAX. *Fab.*

> Au printemps sur les saules et les peupliers, en hiver sous les écorces mortes des platanes. C.

E. PECTORALIS. *Panz.*

> Le printemps, sur le peuplier noir; en hiver dans les fissures des troncs cariés du même arbre. C C.

E. COSTIROSTRIS. *Sch.*

> Au printemps, sur les saules et les peupliers ; en hiver, sous les vieilles écorces des platanes. C C.

E. NEBULOSUS. *Sch.*

> Au printemps, sur les saules. C C.

E. TREMULÆ. *Payk.*

> Sur les saules, avril. R.

E. BIMACULATUS. *Fab.*

> Les fossés, sur les joncs; avril, mai. C.

ANTHONOMUS. *Germ.*

A. PEDICULARIUS. *Lin.*

> Sur l'aubépine en fleurs; avril, juin. C C.

A. pomorum. *Lin.*

> Sur les pommiers, sur le *Pyrus amygdaliformis*, vallon de Candau ; avril, mai. R.

HYDRONOMUS. *Sch.*

H. alismatis. *Marsh.*

> Les fossés, sur l'*Alisma plantago* ; avril, mai. R

BALANINUS. *Germ.*

B. elephas. *Sch.*

> Bosquet de Roberty. R R.

B. glandium. *Marsh.*

> Sur l'yeuse et le chêne blanc ; avril, mai. C C.

B. nucum. *Lin.*

> Montfavet, sur les noisetiers. R.

B. crux. *Fab.*

> Sur les saules ; avril, mai. C.

B. salicivorus. *Gyll.*

> Sur les saules à feuilles naissantes ; avril. C C.

B. pyrrhoceras. *Marsh.*

> Sur l'yeuse ; avril. R.

LIGNYODES *Sch.*

L. enucleator.

> Chemin des Angles, sur les frênes à feuilles naissantes ; avril. C C.

ELLESCHUS. *Sch.*

E. scanicus. *Payk.*

> Sur les saules et le peuplier blanc ; avril. C C.

TYCHIUS. *Germ.*

T. striatellus. *Sch.*

> Les prairies, sur les aubépines fleuries; avril. C.

ACALYPTUS. *Sch.*

A. rufipennis. *Sch.*

> Sur les saules à feuilles naissantes ; avril. C C.

ORCHESTES. *Illig.*

O. alni. *Lin.*

> Sur l'aulne, bords de la Durance ; avril. R.

TACHYERGES *Sch.*

T. stigma. *Germ.*

> Sur les saules ; avril. R.

T. decoratus. *Germ.*

> Sur les saules, avril. R.

CRYPTORHYNCHIENS.

BARIDIUS. *Sch.*

B. nitens. *Sch.*

> Collines de Bellevue, sous les pierres ; avril. R R.

B. T-album. *Lin.*

> Prairies, points marécageux occupés par les *Ca-*
> *rex* ; avril, mai. C.

B. cuprirostris. *Fab.*

> Prairies, au pied des saules ; mai. R.

B. analis. *Oliv.*

> Bords des fossés, sur l'*Eupatorium cannabinum*.
> le *Mentha rotundifolia* ; mai. R.

CRYPTORHYNCHUS. *Illig.*

C. lapathi. *Lin.*

> Sa larve vit dans les tiges des jeunes saules. Via-
> duc de la Durance ; juin. En fin juin on trouve
> à la fois des nymphes et des insectes parfaits
> logés dans une galerie creusée au centre de la
> tige. R.

ACALLES. *Sch.*

A. Aubei. *Sch.*

> Sous l'écorce des ormes attaqués par les scoly-
> tes ; mars. R R.

A. sulcatus. *Sch.*

> Bords du Rhône, dans les gazons ; mai. R R.

MONONYCHUS. *Germ.*

M. pseudo-acori. *Fab.*

> Sur les fleurs de l'iris des marais (*Iris pseudo-aco-*
> *rus*) ; mai. C C.

CŒLIODES. *Sch.*

C. DIDYMUS. *Lin.*

> Prairies, au pied des saules, l'hiver. R.

CEUTORHYNCHUS *Sch.*

C. TROGLODYTES. *Sch.*

> Prairies des Angles ; mai. C.

C. ECHII. *Fab.*

> Sur l'*Echium vulgare* ; mai, juin. C.

C. HORRIDUS. *Panz.*

> Sur l'aubépine, le *Carduus nigrescens* ; août, mai. C.

C. OBSCURE-CYANEUS. *Sch.*

> Terres à blé sur le *Rapistrum rugosum* ; mai. C.

C. TRIMACULATUS. *Fab.*

> Sur le *Carduus nigrescens* ; mai. C.

C. POLLINARIUS. *Forst.*

> Les Angles, sur l'*Urtica pilulifera* ; avril. R.

RHINONCUS. *Sch.*

R. GRANULIPENNIS. *Sch.*

> Prairies au pied du fort St-André, sur la patience (*Rumex crispus*) ; mai, juin. C.

ACENTRUS. *Sch.*

A. HISTRIO. *Sch.*

> Le Chêne-Vert, Bellevue, sur le *Glaucium flavum* ; mai. C C.

———

CIONIENS.

CIONUS. *Clairv.*

C. THAPSUS. *Fab.*

> Sur le *Verbascum sinuatum* en fleurs ; mai, juin.
> C C.

NANOPHYES. *Sch.*

N. NITIDULUS. *Sch.*

> Les aubépines fleuries ; avril, mai. C.

N. POSTICUS. *Sch.*

> L'hiver, au pied des tamarix. R.

N. TAMARISCI. *Sch.*

> La Barthelasse, sur les tamarix fleuris, avec le
> *Coniatus tamarisci* ; mai. C C.

N. PALLIDULUS. *Sch.*

> Viaduc de la Durance, sur les tamarix ; mai. R.

N. LYTHRI. *Fab.*

> Prairies du moulin de l'Épi, sur les salicaires ;
> juin. R.

GYMNETRON. *Sch.*

G. THAPSICOLA. *Germ.*

> Sa larve vit dans les capsules du *Verbascum
> thapsus.* En avril l'insecte parfait se trouve en-
> core dans ces capsules. C C.

G. ANTIRRHINI. *Germ.*

> Les jardins, sur les fleurs du muflier (*Antirrhi-num majus*); mai. R.

MECINUS. *Germ.*

M. PYRASTER. *Herbst.*

> L'hiver, au pied des saules et sous les vieilles écorces des platanes. C.

CALANDRIENS.

SPHENOPHORUS. *Sch.*

S. PARUMPUNCTATUS. *Sch.*

> Sables des oseraies aux bords du Rhône; juin. R.

S. ABBREVIATUS. *Fab.*

> Lieux secs et sablonneux aux bords du Rhône, sous les pierres; juin. C C.

CALANDRA. *Clairv.*

C. GRANARIA. *Lin.*

> Ravage le blé dans les greniers. C C.

COSSONIENS.

MESITES. *Sch.*

M. cunipes. *Sch.*

Vit dans le bois mort des saules ; juillet. C C.

PHLÆOPHAGUS. *Sch.*

P. spadix. *Herbst.*

Vit dans le bois pourri, notamment dans les planches de pin exposées à l'air; mars, juillet. C C.

RHYNCOLUS. *Creutz.*

R. submuricatus. *Sch.*

Vit sous les écorces des saules morts. C.

R. punctulatus. *Sch.*

Vit dans le bois carié du peuplier noir. C.

SCOLYTIDÉS.

HYLÉSIENS.

HYLASTES. *Erich.*

H. ater. *Payk.*

Sur les pins; juillet. R R.

HYLURGUS *Latr.*

H. piniperda. *Lin.*

Vit sous l'écorce du pin d'Alep. L'insecte parfait apparaît en mai. Pins du Rocher des Doms. R.

HYLESINUS. *Fab.*

H. oleiperda. *Fab.*

Vit sous l'écorce de l'olivier. L'insecte parfait apparaît en fin mai. Oliviers du Rocher des Doms. C.

H. thuyæ. *Perris.*

Vit sous l'écorce des cyprès et des thuyas. C.

H. fraxini. *Fab.*

Vit sous les écorces des frênes abattus. En juillet, on trouve à la fois sous ces écorces des larves, des nymphes et des insectes parfaits. C.

H. vittatus. *Fab.*

Vit sous les écorces subéreuses des branches d'orme. L'insecte parfait est fréquent dans ces écorces en hiver. C C.

H. vestitus. *Muls.*

Les haies d'aubépine; mai. R.

PHLOEOTRIBUS. *Latr.*

P. oleæ. *Fab.*

Vit sous l'écorce de l'olivier. En fin juin on trouve à la fois les larves, les nymphes et l'insecte parfait. C C.

SCOLYTIENS.

SCOLYTUS. *Geoff.*

S. DESTRUCTOR. *Oliv.*

> Vit sous l'écorce du tronc de l'orme. L'insecte parfait apparaît en fin avril. C C.

S. MULTISTRIATUS. *Marsh.*

> Vit sous l'écorce des branches de l'orme. L'insecte parfait apparaît en avril, mai. C C.

S. PRUNI. *Ratz.*

> Vit sous l'écorce des cerisiers. C C.

BOSTRICHIENS.

HYPOBORUS. *Erich.*

H. FICUS. *Erich.*

> Vit dans l'épaisseur de l'écorce du figuier. Fréquent avec le *Sinoxylon sexdentatum*, qui ronge le bois tandis que le premier ronge l'écorce ; juillet. C C.

H. GENISTÆ. *Aubé.*

> Vit sous l'écorce du *Spartium junceum*. L'insecte parfait apparaît en avril. C C.

BOSTRICHUS. *Fab.*

B. CHALCOGRAPHUS. *Lin.*

Vit sous l'écorce des pins. Magasins de bois de la Porte St-Lazare.

B. EUPHORBIÆ. *Kust.*

Vit dans les tiges sèches de l'*Euphorbia characias.* Rochers au-dessus de la fontaine des Angles. C C.

PLATYPIENS.

PLATYPUS.

P. CYLINDRUS. *Fab.*

Sur les saules ; avril. R R.

CÉRAMBYCIDÉS.

PRIONIENS.

ÆGOSOMA. *Serv.*

Æ. SCABRICORNE. *Fab.*

Sa larve vit dans le tronc des vieux saules. L'insecte parfait apparait en juillet. Il est nocturne. C.

CÉRAMBYCIENS.

CERAMBYX. *Lin.*

C. HEROS. *Scop.*

Sa larve vit dans les souches d'yeuse. Hauteurs de Montaux ; juin. C.

C. MILES. *Bon.*

Avec le précédent ; mai, juin. C.

C. CERDO. *Fab.*

Les saules, les haies d'aubépines, les jardins ; avril, juin. R.

AROMIA. *Serv.*

A. MOSCHATA. *Scop.*

Sa larve vit dans le tronc des vieux saules ; mai. juillet. C C.

ROPALOPUS. *Muls.*

R. CLAVIPES. *Fab.*

Bords de la Durance, sur les saules ; les jardins sur les arbres fruitiers. Mai, juin. C.

CALLIDIUM. *Fab.*

C. UNIFASCIATUM. *Rossi.*

Sa larve vit sous l'écorce du peuplier blanc. Mai. C.

6

PHYMATODES. *Muls.*

P. VARIABILIS. *Lin.*

Sa larve vit sous l'écorce du peuplier blanc, avec celle du *Callidium unifasciatum.* Mai. C C.

P. THORACICUS. *Dej.*

Sa larve vit sous l'écorce du peuplier blanc; mai, juin. Se prend parfois dans les habitations à la clarté des lampes. C C.

HYLOTRUPES. *Serv.*

H. BAJULUS. *Lin.*

Fréquent partout. N'est pas rare sur le pont en bois, où vit probablement sa larve. Juin, juillet. C C.

STROMATIUM. *Serv.*

S. STREPENS. *Fab.*

Sa larve vit dans l'açacia. Juin, juillet. R R.

HESPEROPHANES. *Dej.*

H. NEBULOSUS. *Oliv.*

Sa larve vit dans le figuier. L'insecte parfait apparaît en juin, juillet. C C.

CLYTUS. *Fab.*

C. ARCUATUS. *Lin.*

Magasins de bois de la Porte St-Lazare; gare des marchandises, sur les tas de traverses. Juin. R R.

Cette espèce est certainement étrangère à la localité.

C. TROPICUS. *Panz.*

> Pris en juin dans mon jardin, sans origine connue.

C. LICIATUS. *Lin.*

> Sa larve vit dans le tronc du peuplier noir;
> l'insecte parfait apparaît en juin. C C.

C. ARIETIS. *Lin.*

> Sa larve vit dans les poiriers; avril, juillet. C.

C. QUADRIPUNCTATUS. *Fab.*

> Sa larve vit dans les souches de vigne. L'insecte
> parfait apparaît en juin. Il est fréquent dans
> les jardins sur les poiriers. C.

C. GAZELLA. *Fab.*

> Sur les fleurs de l'églantier, coteaux de Bellevue;
> mai, juin. C.

C. ORNATUS. *Fab.*

> Sur l'*Eryngium campestre*, collines de Villeneuve;
> juin, juillet. C C.

C. TRIFASCIATUS. *Fab.*

> Sur les corymbes de l'hyèble, sur les capitules
> de l'*Eryngium campestre*. Juin, juillet. C.

C. MASSILIENSIS. *Lin.*

> Sur les capitules de l'*Eryngium campestre*, du
> *Cirsium arvense*. Juin, juillet. C.

CARTALLUM. *Meg.*

C. RUFICOLLE. *Fab.*

> Sur le *Rumex crispus*. Avril, mai. R.

DEILUS. *Serv.*

D. RUGAX. *Fab.*

Sa larve vit dans les souches du *Spartium junceum.* L'insecte parfait apparaît en avril. C.

OBRIUM. *Mey.*

O. CANTHARINUM. *Lin.*

Sur les fleurs des ronces, Montaux ; juillet. R R.

GRACILIA. *Muls.*

G. PYGMÆA. *Fab.*

Les jardins, sur les fleurs. Mai, juin. C.

LEPTIDEA. *Muls.*

L. BREVIPENNIS. *Muls.*

Sa larve vit dans l'osier des corbeilles, chez les
expéditeurs de fruits. Juin, juillet. C.

NECYDALIS. *Lin.*

N. MAJOR. *Lin.*

Sa larve vit dans les fagots de saule et de peuplier, aussi l'insecte parfait se prend souvent
dans les habitations. Juin. C.

STENOPTERUS. *Ill.*

S. RUFUS. *Lin.*

Sur les ombelles de l'*Orlaya grandiflora*, collines
de Montaux ; juin. R R.

LAMIENS.

DORCADION. *Dalm.*

D. LINEOLA. *Illig.*

Bords des chemins ; avril, mai. C C.

MORIMUS. *Serv.*

M. TRISTIS. *Fab.*

Sa larve vit dans les cyprès. Juin, juillet. R R.

LAMIA. *Fab.*

L. TEXTOR. *Lin.*

Sa larve vit dans les peupliers et les saules. Mai, juin. C.

ÆDILIS. *Serv.*

Æ. MONTANA. *Serv.*

Magasins de bois de la porte St-Lazare. Cette espèce est étrangère à la localité. R R.

ACANTHODERES. *Serv.*

A. VARIUS. *Fab.*

Sa larve vit dans les peupliers. R R.

POGONOCHERUS. *Meg.*

P. DENTATUS. *Fourc.*

Sa larve vit dans les tiges mortes du lierre. L'insecte parfait apparaît en août, septembre. R.

SAPERDIENS.

ANCESTHETIS. *Muls.*

A. TESTACEA. *Fab.*

Sa larve vit dans le noyer. Juin. R.

AGAPANTHIA. *Serv.*

A. SUTURALIS. *Fab.*

Sa larve vit dans les tiges sèches des chardons.
L'insecte parfait est commun en mai, juin, sur
le *Scolymus hispanicus*, le *Carduus nigrescens*,
le *Sylibum marianum.* C.

A. MARGINELLA. *Fab.*

Vallon de Candau, sur les graminées ; juin. R R.

A. ASPHODELI. *Latr.*

Chaussées du Rhône ; juin. R R.

TETROPS. *Kirby.*

T. PRÆUSTA. *Lin.*

Sur les aubépines ; avril, mai. C.

COMPSIDIA. *Muls.*

C. POPULNEA. *Lin.*

Sur les saules et les peupliers ; mai, juin. C.

SAPERDA. *Fab.*

S. CARCHARIAS. *Lin.*

Sa larve vit dans le peuplier noir. L'insecte parfait apparaît en août, septembre. R.

S. PUNCTATA. *Fab.*

> Sa larve vit dans l'orme. Vieux ormes de la porte de l'Oulle; juin. C.

S. SCALARIS *Lin.*

> Oseraies des bords du Rhône, mai. R R.

OBEREA. *Muls.*

O. OCULATA. *Lin.*

> Sa larve vit dans les saules. Bords de la Durance ; juin, juillet. C.

O. ERYTHROCEPHALA.

> Sa larve vit dans les souches de l'*Euphorbia serrata*. Juin, juillet. C.

PHYTOECIA. *Muls.*

P. VIRESCENS. *Panz.*

> Sa larve vit dans les souches de l'*Echium vulgare* et de l'*Echium italicum*. Mai, juin. C.

P. EPHIPPIUM. *Fab.*

> Les prairies, sur le *Leucanthemum vulgare* ; avril, mai. R R.

RHAGIENS.

RHAMNUSIUM. *Latr.*

R. SALICIS. *Fab.*

> Sa larve vit dans le peuplier noir, mai R R.

LEPTURIENS.

STRANGALIA. *Serv.*

S. villica. *Fab.*

>Sur les aubépines ; les jardins, sur les fleurs.
>Mai. C.

S. cruciata. *Oliv.*

>Sur les fleurs de la ronce, de l'églantier ; sur les
>ombelles de l'*Orlaya grandiflora.* Mai, juin.
>C C.

LEPTURA. *Fab.*

L. hastata. *Fab.*

>Fréquent dans les jardins, sur les fleurs. Juin.
>C C.

L. tomentosa. *Fab.*

>Fréquent dans les jardins, sur les fleurs. Juin.
>C C.

L. testacea. *Lin.*

>Les jardins, sur les fleurs ; juin, juillet. R.

L. livida. *Fab.*

>Sur les fleurs de la ronce ; mai, juin C.

L. cincta. *Fab.*

>Les jardins, sur les fleurs ; mai, juin. R R.

GRAMMOPTERA. *Serv.*

G. PRÆUSTA. *Fab.*

Sur le chêne roure, mai. R R.

CHRYSOMÉLIDÉS.

DONACIENS.

DONACIA. *Fab.*

D. CRASSIPES. *Fabr.*

Fossés après l'Hospice Isnard, sur diverses plantes aquatiques, *Carex, Typha, Helosciadium, Sparganium, Iris* etc. Ensemble les variétés bronzées, pourpres, bleues, vertes. Mai. C C.

D. VITTATA. *Oliv.*

Avec la précédente. Patine à la surface de l'eau et s'envole prestement. C C.

D. HYDROCHARIDIS. *Fab.*

Avec les précédentes. Se trouve encore dans les fossés des prairies des Angles, sur l'*Iris pseudo-acorus.* C C.

D. DISCOLOR. *Hoppe.*

Avec les précédentes, mais bien moins commune. C.

CRIOCÉRIENS.

LEMA. *Fab.*

L. MELANOPA. *Fab.*

Sur les céréales, s'abrite l'hiver dans les saules cariés. Mai. C.

CRIOCERIS. *Geoff.*

C. MERDIGERA. *Lin.*

Les jardins, sur les feuilles du lis; avril, mai. C C.

C. DUODECIM-PUNCTATA. *Lin.*

Bords de la Durance, les jardins, sur l'asperge. Mai, juin. C C.

C. CAMPESTRIS. *Lin.*

Les jardins, sur l'asperge. Mai, juin. C C.

C. PARACENTHESIS. *Lin.*

Collines de Villeneuve, sur l'*Asparagus acutifo-lius*. Mai, juin. C C.

CLYTHRIENS.

CLYTHRA. *Laich.*

C. TAXICORNIS. *Fab.*

Sur le chêne yeuse et le chêne kermès; mai. C C.

C. LONGIPES. *Fab*.

> Sur le chêne yeuse et le chêne kermès ; mai. C C.

C. QUADRIPUNCTATA. *Lin*.

> Viaduc de la Durance, sur les osiers et les jeunes
> peupliers noirs ; mai. C C.

C. SEXMACULATA. *Fab*.

> Sur les yeuses, sur les corymbes de l'yèble ; col-
> lines de Villeneuve. Juillet. C.

C. LONGIMANA. *Lin*.

> Les prairies, sur le trèfle ; mai. C C.

C. ATRAPHAXIDIS. *Fab*.

> Sur les corymbes de l'hyèble ; juillet. R.

C. SCOPOLINA. *Lin*.

> Viaduc de la Durance, sur l'*Artemisia campestris* ;
> août, septembre. R R.

C. CYANEA. *Fab*.

> Sur les aubépines en fleurs, Montaux ; avril,
> mai. R.

CRYPTOCÉPHALIENS.

CRYPTOCEPHALUS. *Geoff*.

C. HYPOCHOERIDIS. *Lin*.

> Sur le *Centaurea aspera*, l'*Helichrysum stæchas*,
> le *Cirsium ferox*. Juillet, août. C C.

C. BIPUNCTATUS. *Lin*.

> Sur le chêne kermès, l'aubépine, le *Dorycnium suffruticosum* ; les Angles, viaduc de la Durance. Mai, juin. C C.

C. SEXMACULATUS. *Oliv*.

> Sur le chêne kermès, l'*Osyris alba*, collines des Angles; juin. R.

C. OCTOGUTTATUS. *Oliv*.

> Prairies au pied du fort St-André, sur le *Lythrum salicaria*; mai, juin. C C.

C. SEXPUSTULATUS. *Rossi*.

> Sur les centaurées, *Centaurea aspera*, *C. jacea*, *C. calcitrapa* ; coteaux de Bellevue. Juin. C.

C. QUADRISIGNATUS. *Suffr*.

> Sur le *Scolymus hispanicus*, le *Carlina corymbosa*, le *Spartium junceum*. Collines de Bellevue. Juin. C.

C. RUGICOLLIS. *Oliv*.

> Sur les saules, viaduc de la Durance; mai. C.

C. ILICIS. *Oliv*.

> Sur le chêne yeuse et le chêne kermès, collines des Angles; mai, juin. C.

C. SULPUREUS. *Oliv*.

> Sur le peuplier noir; juillet, août. R.

C. OCHROLEUCUS. *Fairm*.

> Sur le peuplier noir, la Barthelasse. Juin. R.

C. Moræi. *Lin.*

> Sur l'*Hypericum perforatum*, Montdevergues ;
> juin. R.

C. flavipes. *Fabr.*

> Sur le chêne yeuse, collines de Villeneuve ; mai.
> R R.

C. labiatus. *Lin.*

> Sur les saules, oseraies des bords du Rhône ;
> juin. C.

C. marginatus. *Fab.*

> Sur le peuplier noir ; mai, juin. R.

C. bimaculatus. *Fab.*

> Sur le *Spartium junceum*, le *Genista scorpius*, le
> *Dorycnium suffruticosum* ; coteaux de Bellevue.
> Mai, juin. R.

C. unicolor.

> Sur le chêne roure ; mai. R R.

C. pusillus. *Fab.*

> Sur les saules ; avril, mai. C.

C. gracilis. *Fab.*

> Sur les saules ; mai, juin. C.

C. Hubneri. *Fab.*

> Sur les aubépines ; avril, mai. R.

C. variegatus. *Fab.*

> Viaduc de la Durance, sur les saules ; avril, mai.
> R.

C. coeruleus. *Oliv.*

> Sur les saules et les peupliers noirs ; mai, juin. R.

PACHYBRACHYS. *Suffr.*

P. HIEROGLYPHICUS. *Fab.*

> Bords du Rhône et de la Durance, sur le peuplier
> noir. Mai, juin. C.

P. HISTRIO. *Oliv.*

> Sur le chêne yeuse, collines de Villeneuve. Juin.
> C.

STYLOSOMUS. *Suffr.*

S. TAMARISCIS. *Suffr.*

> La Barthelasse, sur les tamarix, en compagnie
> du *Coniatus tamariscis*; mai. C C.

EUMOLPIENS.

BROMIUS. *Redt.*

B. VITIS. *Fab.*

> Viaduc de la Durance, sur la feuilles de la vigne
> en compagnie du *Rhynchites betuleti*. Juin. R.

PACHNEPHORUS. *Redt.*

P. LEPIDOPTERUS. *Kust.*

> Oseraies du viaduc de la Durance, sur les saules;
> avril. C C.

COLASPIDEA. *Lap.*

C. OBLONGA. *Blanch.*

Sur le chêne yeuse, collines de Montaux; mai.
C.

CHRYSOMÉLIENS.

TIMARCHA. *Latr.*

T. TENEBRICOSA. *Fab.*

Collines de Bellevue, toute l'année. C C.

T. CORIARIA. *Fab.*

Collines de Bellevue, toute l'année. C C.

CHRYSOMELA. *Lin.*

C. FEMORALIS. *Oliv.*

Collines de Bellevue, lieux arides, sous les pierres; septembre, octobre. C C.

C. SANGUINOLENTA. *Lin.*

Villeneuve, les Angles, le long des murs; mai,
septembre. C.

C. GYPSOPHILÆ. *Kust.*

Bellevue, sous les feuilles radicales du *Verbascum sinuatum.* Septembre. R.

C. HOEMOPTERA. *Lin.*

La Barthelasse, sur le *Plantago lanceolata;* septembre. C C.

C. americana. *Lin.*

>Les Angles, bois des Issards, sur le romarin ;
>mai. C C.

C. fastuosa. *Lin.*

>Terres à blé, sur le *Galeopsis ladanum* ; septem-
>bre. C.

C. menthastri. *Suffr.*

>Sur le *Mentha rotundifolia,* le *Preslia cervina,* le
>*Scolymus hispanicus* ; mai, juin. C C.

C. polita. *Lin.*

>Sur le *Mentha aquatica,* sur les peupliers, les
>aulnes ; mai. R R.

C. diluta. *Germ.*

>Carrières des Angles, sous les feuilles radicales
>du *Verbascum sinuatum.* Octobre. R.

C. fucata. *Fab.*

>Le printemps, sous les pierres. R R.

C. didymata. *Scriba.*

>Le printemps, sur les aubépines. R R.

C. staphylea. *Lin.*

>Prairies du moulin de l'Épi, dans les gazons,
>sous les mottes sèches ; toute l'année. C C.

C. Banksii. *Fab.*

>Lieux stériles, parmi le thym. Le Montagnet.
>Avril, mai. R.

LINA. *Redt.*

L. POPULI. *Lin.*

> L'insecte parfait et sa larve broutent les feuilles
> du peuplier noir. Bords du Rhône et de la
> Durance; mai, août. C C.

GONIOCTENA. *Redt.*

G. ÆGROTA. *Fab.*

> Sur le *Genista scorpius,* Bellevue; avril, juin. R.

PHRATORA. *Redt.*

P. VULGATISSIMA. *Lin.*

> Au printemps sur les saules. S'abrite l'hiver sous
> les vieilles écorces des platanes. C C.

PHOEDON. *Latr.*

P. PYRITOSUM. *Oliv.*

> Prairies, au pied des saules. R.

PRASOCURIS. *Latr.*

P. PHELLANDRII. *Lin.*

> Fossés des prairies des Angles, sur l'*Helosciadium
> nodiflorum*; avril, mai. C C.

P. BECCABUNGÆ. *Ill.*

> Avec le précédent, sur l'*Helosciadium nodiflorum.*
> C C.

GASTROPHYSA. *Redt.*

G. POLYGONI. *Lin.*

> Sur le blé noir, sur le *Polygonum aviculare* ; juillet, septembre. C C.

COLASPIDEMA. *Cast.*

C. ATRA. *Oliv.*

> L'insecte parfait et sa larve ravagent la luzerne. Avril. C C.

GALÉRUCIENS.

ADIMONIA. *Laich.*

A. BREVIPENNIS, *Illig.*

> Le printemps, sur les fleurs. R R.

A. INTERRUPTA. *Oliv.*

> Bords des chemins, dans les gazons ; juin. R R.

A. LITTORALIS. *Fab.*

> La Barthelasse, talus des chemins, dans les gazons ; octobre. C C.

A. SANGUINEA. *Fab.*

> Sur les aubépines en fleurs ; avril, mai. C C.

GALERUCA. *Geoff.*

G. ULMARIENSIS. *Fab.*

> L'insecte et sa larve ravagent le feuillage des ormes. S'abrite l'hiver dans les troncs cariés, sous les vieilles écorces des platanes. Mai. C C.

G. LINEOLA. *Fab.*

>Sur les saules; juillet. C C.

G. LYTHRI. *Gyll.*

>Les fossés, sur le *Lythrum salicaria* ; mai. C C.

MALACOSOMA. *Ros.*

M. LUSITANICA. *Lin.*

>Sur les fleurs du sainfoin; mai. C C.

AGELASTICA. *Redt.*

A. ALNI. *Lin.*

>Bords du Rhône et de la Durance, sur les aulnes. Mai. C C.

LUPERUS. *Geoff.*

L. SUTURELLUS. *Illig.*

>Sur le *Spartium junceum*, Montaux ; mai. C C.

HALTICIENS.

HALTICA. *Geoff.*

H. LYTHRI. *Aubé.*

>Les fossés sur les salicaires ; mai. C.

H. PUBESCENS. *Panz.*

>Sur la douce-amère; mai. C C.

H. AMPELOPHAGA. *Guér.*

>Sur les feuilles de la vigne ; mai. R.

H. TRANSVERSA. *Marsh.*

Prairies humides sous le fort St-André; mai, juin. C.

H. CARDUORUM. *Guér.*

Sur le *Cirsium lanceolatum*; juin. C.

H. FUSCIPES. *Fabr.*

Bords des fossés, sur l'*Althæa officinalis*; mai. C.

H. AURATA. *Marsh.*

Le printemps, sur les saules; l'hiver, sous les vieilles écorces des platanes. C C.

H. NEMORUM. *Lin.*

Sur les crucifères; avril, mai. C.

H. FERRUGINEA. *Scop.*

Gazons des oseraies, des bords des chemins; août, septembre. C C.

H. ABDOMINALIS. *Foud.*

Prairies des Angles, s'abrite l'hiver sous les vieilles écorces des platanes. C C.

H. HELXINES. *Lin.*

Sur les saules. R.

H. CHRYSANTHEMI. *Hoffm.*

Les prairies. L'hiver au pied des saules. R.

H. NIGRIPES. *Panz.*

Les jardins, sur les crucifères. C.

H. VITTULA. *Redt.*

Prairies aux bords des fossés. C.

LONGITARSUS. Latr.

L. VERBASCI. *Panz.*

> Sur le *Verbascum sinuatum*; juin, octobre. C C.

L. ECHII. *Hoffm.*

> Sur l'*Echium vulgare* ; juin, septembre. C.

L. NASTURTII. *Fabr.*

> Prairies, aux bords des fossés; mai, juin. C.

L. PUSILLUS. *Gyll.*

> Prairies, au pied des saules. C.

L. PALLENS. *Foud.*

> Sur l'*Echium vulgare*; mai, juin. C C.

DIBOLIA. Latr.

D. OCCULTANS. *Hoffm.*

> Les prairies ; juillet. R.

D. TIMIDA. *Illig.*

> Les gazons ; juillet, août. R.

SPHOERODERMA. Steph.

S. TESTACEA. *Fab.*

> Sur les chardons et les centaurées; avril, mai. C.

S. CARDUI. *Gebl.*

> Sur le *Carduus nigrescens*; mai, juin. C.

PLECTROSCELIS. Redt.

P. TIBIALIS. *Illig.*

> Les prairies, les jardins. C.

P. CONCINNA. *Marsh.*

 Les prairies, au pied des saules. C.

P. ARIDELLA. *Gyll.*

 Les prairies, au pied des saules. C.

P. PROCERULA. *Rosenh.*

 Prairies, aux bords des fossés ; avril. C.

PSYLLIODES. *Latr.*

P. DULCAMARÆ. *Hoffm.*

 Moulin de l'Épi, sur la douce-amère ; mai. C C.

P. CHRYSOCEPHALA. *Lin.*

 Fossés au pied du fort St-André, sur les crucifères ; juin. C.

HISPIENS.

HISPA. *Lin.*

H. ATRA. *Lin.*

 Prairies, au pied des saules ; toute l'année. C C.

H. TESTACEA. *Lin.*

 Bois de Fargues, bois des Issards, sur le *Cistus albidus* ; mai, juin. R.

CASSIDIENS.

CASSIDA. Lin.

C. VIRIDIS. *Lin.*

> Sur les chardons, le *Silybum marianum*; avril, juin. C.

C. NOBILIS. *Lin.*

> Sur les chardons ; mai. R.

C. OBLONGA. *Ill.*

> Sur l'*Atriplex halimus*; mai. R.

C. VIBEX. *Lin.*

> Sur le *Centaurea paniculata*; juin. R.

C. PRASINA. *Fab.*

> Sur le *Carlina corymbosa*; juin. C C.

C. NEBULOSA. *Lin.*

> Les jardins ; juillet. R.

EROTYLIDÉS.

TRIPLAX. Payk.

L. RUSSICA. *Lin.*

> Vit sur les champignons des saules ; s'abrite l'hiver sous les vieilles écorces des platanes. R.

TRITOMA. *Fab.*

T. BIPUSTULATA. *Fab.*

Vit sur les champignons des vieux arbres, la
Barthelasse ; mai. R.

ENDOMYCHIDÉS.

LYCOPERDINA. *Latr.*

L. BOVISTÆ. *Fab.*

Saules cariés et envahis par les champignons.
R R.

COCCINELLIDÉS.

COCCINELLA. *Lin.*

C. SEPTEM-PUNCTATA. *Lin.*

Partout. C C.

C. UNDECIM-PUNCTATA. *Lin.*

Sur les pins. C.

C. MARGINE-PUNCTATA. *Schaller.*

Sur les pins en été, sous les vieilles écorces des
platanes en hiver. R.

C. MUTABILIS. *Scriba.*

> Sur les épis mûrs du froment, sur le *Diplotaxis
> tenuifolia*; juin, septembre. En hiver, sous
> les touffes de l'*Erianthus Ravennæ.* C. C.

C. IMPUSTULATA. *Lin.*

> Les jardins; juin, octobre. En hiver, sous les
> vieilles écorces des platanes. C. C.

C. BIPUNCTATA. *Lin.*

> Les jardins sur les plantes infestées de pucerons,
> l'hiver sous les vieilles écorces des platanes.
> C. C.

C. VIGINTIDUO-PUNCTATA. *Lin.*

> Les jardins, sur les rosiers couverts de pucerons;
> l'hiver au pied des saules. R.

C. DUODECIM-PUSTULATA. *Fab.*

> Sur le chêne yeuse et le chêne kermès; avril,
> mai. R.

C. DUODECIM-GUTTATA. *Poda.*

> Sur les aubépines, les saules, les chênes kermès;
> avril, juin. R.

C. QUATUORDECIM-PUNCTATA. *Lin.*

> Sur les aubépines; mai, août. C.

C. QUATUORDECIM-PUSTULATA. *Lin.*

> Les haies, les jardins; avril, août. C.

C. VARIABILIS. *Illig.*

> Sur les arbres infestés de pucerons; mai. C. C.

ANISOSTICTA. *Redt.*

A. NOVEMDECIM-PUNCTATA. *Lin.*

Sur les plantes aquatiques; mai, juin. R.

MICRASPIS. *Redt.*

M. DUODECIM-PUNCTATA. *Lin.*

La Barthelasse, oseraies; août, septembre. C.

CHILOCORUS. *Leach.*

C. BIPUSTULATUS. *Lin.*

Sur les lauriers, les yeuses, les pins, les amandiers. Juin, septembre. C C.

EXOCHOMUS. *Redt.*

E. QUADRI-PUSTULATUS. *Lin.*

Sur les lauriers, les yeuses. En hiver sous les
écorces des platanes. C C.

E. AURITUS. *Scriba.*

Sur l'*Euphorbia characias*; août. R.

HYPERASPIS. *Redt.*

H. HOFFMANNSEGGII. *Muls.*

Bellevue, le Montagnet, sur les chardons. R.

H. REPPENSIS. *Herbst.*

L'hiver, sous les vieilles écorces des platanes. R.

EPILACHNA. *Redt.*

E. ANGUS. *Fourc.*

> Vit avec sa larve sur les feuilles de l'*Echalium elaterium*, au pied du fort St-André. Mai, août. C C.

LASIA. *Muls.*

L. GLOBOSA. *Schneid.*

> Les prairies sur le trèfle et la luzerne; parfois sur le chêne kermès. Mai, juin. C.

PLATYNASPIS. *Redt.*

P. VILLOSA. *Fourc.*

> Sur le *Diplotaxis muralis*; septembre. R.

SCYMNUS. *Kug.*

S. DISCOÏDEUS. *Illig.*

> Les prairies, très-commun l'hiver au pied des saules. C C.

S. PYGMÆUS. *Fourc.*

> Les pins, les yeuses, les saules. C C.

S. FRONTALIS. *Fab.*

> Sur les aubépines, sur les yeuses: avril, mai. L'hiver sous les vieilles écorces des platanes. C C.

S. MARGINALIS. *Rossi.*

> Sur les fleurs des composées, sur les pins. Septembre. C C.

S. ATER. *Kug.*

>Sur les pins ; septembre. R.

S. FULVICOLLIS. *Muls.*

>En hiver, sous les touffes de l'*Erianthus Ra-vennæ.* R.

RHIZOBIUS. *Steph.*

R. LITURA. *Fab.*

>Prairies, au pied des saules. C.

COCCIDULA. *Kugel.*

C. RUFA. *Herbst.*

>Bords des fossés, au pied des saules. C.

C. SCUTELLATA. *Herbst.*

>Sur les plantes aux bords des fossés : l'hiver sous les vieilles écorces des platanes. C.

FIN.

ADDITIONS ET CORRECTIONS.

———

Page 49, après le genre *Soronia*, ajoutez :

OMOSITA. *Erich.*

O. DISCOÏDEA. *Fab.*
    Parmi les ordures d'un poulailler. l'hiver. R.
O. COLON. *Lin.*
    Avec le précédent. R.

———

Page 5o, au genre *Aulonium*, ajoutez :
A. BICOLOR. *Herbst.*
    Bois cariés. R R.

———

Page 6a, au genre *Trox*, ajoutez :
T. SCABER. *Lin.*
    Parmi les ordures d'un poulailler, avril. R.

———

Page 6a, après le *Trox hispidus*, ajoutez :
    Sous les restes desséchés d'un chat mort, avril.,

———

Page 64, ligne 4, au lieu de *Lolium perenne*, lisez :
Brachypodium pinnatum.

———

Page 67, ajoutez le cerisier au nombre des arbres qu'habite la larve du *Ptosima novemmaculata*. L'insecte parfait apparaît en avril.

———

Page 68, ajoutez le peuplier noir au nombre des arbres que fréquente le *Buprestis ænea*.

———

Page 69, ajoutez :

La larve du *Chrysobothrys chrysostigma* vit dans les cerisiers morts. La métamorphose s'achève en mai. Les mêmes cerisiers sont hantés par les larves du *Saperda scalaris* et du *Scolytus pruni*. Elle vit aussi dans les vieux mûriers.

———

Page 69, ajoutez :

ANTHAXIA CICHORII. *Oliv.*

Sur l'*Elychrysùm stæchas*. Mai, juin. R.

———

Page 78, au genre *Dasytes*, ajoutez :

D. NOBILIS. *Illig.*

Les prairies, sur les fleurs. Mai. C C.

———

Page 79, au genre *Thanasimus*, ajoutez :

T. MUTILLARIUS. *Fab.*

> Sur les cerisiers morts habités par les larves du
> *Chrysobothrys chrysostigma* et du *Saperda sca-*
> *laris.* Avril. R.

———

Page 80, au *Corynetes violaceus*, ajoutez :

> Sous les restes desséchés d'un chat mort, en
> société des *Trox hispidus, Nitidula flexuosa,*
> *Dermestes undulatus, Dermestes Frischii.* Avril.

———

Page 82, à la fin, ajoutez :

CISIDÉS.

———

CIS, *Latr.*

C. BOLETI. *Scop.*

> Vit dans les champignons ligneux des arbres,
> *Schizophyllum commune, Polyporus versicolor.*
> C C.

———

Page 121, au *Callidium unifasciatum*, ajoutez :

> Sa larve vit dans les sarments.

Au même genre ajoutez :

C. SANGUINEUM. *Lin.*

> Apparaît dès le milieu d'avril. R R.

———

Page, 122, ajoutez :

HESPEROPHANES SERICEUS. *Fab.*

> Vole le soir autour des ormes de la Porte de l'Oulle. Juillet. R R.

Page 125, ajoutez : La larve du *Morimus tristis* vit dans les vieux mûriers.

Page 125, ajoutez :

MESOSA. *Serv.*

MESOSA CURCULIONIDES. *Lin.*

> Sa larve vit dans les vieux mûriers. Juillet. R R.

Page 126, ajoutez : La larve du *Compsidia populnea* vit dans des nodosités provoquées par sa présence sur les rameaux du peuplier blanc et du peuplier noir. La métamorphose s'achève en fin mai.

Page 127, au *Saperda scalaris*, ajoutez :

> Sa larve vit dans les cerisiers morts. L'insecte parfait apparaît en avril.

---

(153)

Page 128, ajoutez :

STRANGALIA ATTENUATA. *Lin.*

Sur les fleurs de la ronce. Juillet. R R.

———

TABLE ALPHABÉTIQUE
DES FAMILLES.

TABLE ALPHABÉTIQUE

DES GENRES.

FIN DE LA TABLE.

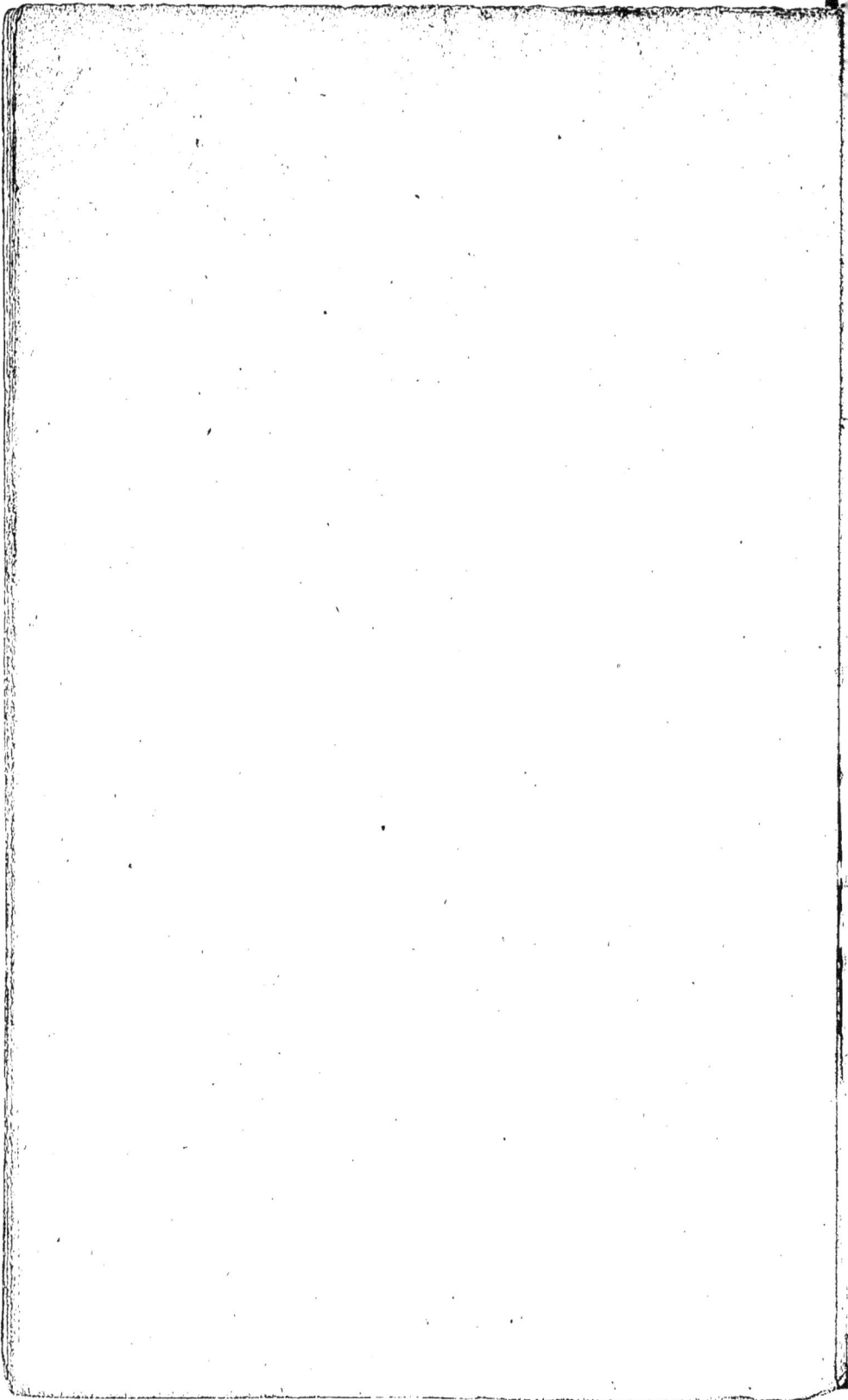

www.ingramcontent.com/pod-product-compliance
Lightning Source LLC
Chambersburg PA
CBHW050114210326
41519CB00015BA/3958